MANIFESTE POUR UNE ÉCOLOGIE ÉVOLUTIVE

Thierry Lodé

MANIFESTE POUR UNE ÉCOLOGIE ÉVOLUTIVE

Darwin, et après ?

© ODILE JACOB, NOVEMBRE 2014
15, RUE SOUFFLOT, 75005 PARIS

ISBN : 978-2-7381-3194-2

www.odilejacob.fr

Le Code de la propriété intellectuelle n'autorisant, aux termes de l'article L. 122-5, 2° et 3° a, d'une part, que les « copies ou reproductions strictement réservées à l'usage privé du copiste et non destinées à une utilisation collective » et, d'autre part, que les analyses et les courtes citations dans un but d'exemple et d'illustration, « toute représentation ou reproduction intégrale ou partielle faite sans le consentement de l'auteur ou de ses ayants droit ou ayants cause est illicite » (art. L. 122-4). Cette représentation ou reproduction, par quelque procédé que ce soit, constituerait donc une contrefaçon sanctionnée par les articles L. 335-2 et suivants du Code de la propriété intellectuelle.

« L'utilité d'un organe n'en explique pas la genèse, au contraire ! Pendant la plus longue partie du temps où une qualité se forme, l'individu n'en bénéficie pas, elle ne lui sert pas, surtout dans la lutte contre les circonstances extérieures et ses ennemis. »

F. Nietzsche, *Contre Darwin*, 1880.

Sommaire

Avant-propos. La biologie dans tous ses états 11

Introduction 15

1. Une histoire naturelle 19
2. Un besoin de relecture 27
3. La rénovation théorique 41
4. Le gène égoïste 49
5. Le néolamarckisme 57
6. Créationnisme et eugénisme 65

7. Une nécessaire critique 79
8. Évolution et libre-échange 97
9. Un possible dépassement ? 117
10. L'évolution des différences 129
En conclusion 143
Notes et références bibliographiques 151
Remerciements 185

AVANT-PROPOS

La biologie dans tous ses états

Il y eut des crocodiles à Caen. Voilà. La théorie évolutive a confronté ses premiers arguments en Normandie au cours de la fameuse controverse des crocodiles qui opposa Cuvier et Geoffroy Saint-Hilaire. « Les physiciens et géologues ne doutent pas que de grands changements aient été successivement introduits dans les conditions physiques et matérielles du globe... or ces changements sont de nature à avoir agi sur les organes », affirme Étienne Geoffroy Saint-Hilaire en 1825. C'est déjà dire que les mécanismes de la transformation évolutive ne peuvent pas se comprendre sans tenir compte de l'environnement où ils se produisent. Et cet environnement est aussi composé par les autres êtres vivants qui inscrivent chaque changement dans une véritable écologie de l'évolution.

Pourtant, tandis que s'affirme partout l'obligation de considérer la biologie dans le cadre de l'évolution darwinienne, bien des disciplines biologiques semblent développer un propos totalement indépendant de cette histoire naturelle. Le message biologique est aussi parcouru de principes notoires et identifiables dont pourtant la sémantique semble se dérober derrière des subtilités plutôt ambiguës dès qu'on s'en approche un peu. De plus, on devine que nombre de termes équivoques, apparemment simples, s'avèrent posséder en fait une signification autrement ardue. Enfin, l'opacité du corpus théorique de la biologie ne paraît accessible qu'à des spécialistes chevronnés, bien que, de découvertes médicales en cultures OGM, de biodiversité en ADN, les enjeux des sciences du vivant pénètrent largement tous les pans de la société.

Alors que dire ? Il est vrai que l'expérimentation rationnelle de la recherche paraît souvent bien éloignée de l'aspect spéculatif et abstrait de la théorie évolutive. Mais si l'évolution semble à ce point superflue en biologie, c'est peut-être que les scientifiques n'ont pas mesuré le poids tant de Lamarck que de Darwin, à moins que le récit de leurs apports conceptuels ne reste encore entaché d'approximations. Les avancées de la biologie moléculaire ne paraissent pas davantage avoir tenu leurs promesses en dépit du nombre incroyable de révolutions annoncées et du décryptage du génome humain. Enfin des contestations, venues d'autres temps, semblent se réveiller. Que reste-t-il de l'adaptation et de la sélection naturelle derrière le gène ? Que doit-on craindre du créationniste qui semble s'appuyer de plus en plus fermement sur la *nature* pour étayer des propos normatifs et rétrogrades ? La biologie constitue-t-elle une science émancipatrice en révélant notre humanité ? Finalement, de quelle nature parle-t-on en biologie ?

Alors, il paraît indispensable d'examiner comment la biologie se présente elle-même et de retirer quelques notions explicatives de son cadre conceptuel. Seulement à examiner de près les conceptions les plus communes, se dessine bientôt une tout autre histoire. Un renouveau de la théorie est nécessaire que, déjà, les découvertes récentes de la biologie ont esquissé. Ici se mettent au jour des matériaux et des idées nouvelles qui ouvrent une perspective moderne, vers une *écologie évolutive* dans laquelle l'évolution de chacun dépend des autres.

Et si la biologie ouvrait aujourd'hui une porte sur un nouveau monde ?

INTRODUCTION

S'il est une réputation d'austérité, c'est bien celle de l'étude de la biologie. À force de concéder que la biologie serait extraordinairement complexe et que la génétique trône à son sommet, il apparaît de plus en plus qu'un certain nombre de conventions savantes réduisent la compréhension même de ce qui se joue dans cette science. Alors, nombre de nos contemporains, largement découragés, se détournent de la biologie, n'en comprennent plus l'intérêt social ou encore déclarent leur indifférence face à cette science trop compliquée.

Néanmoins, jamais la biologie ne fut autant au cœur des intérêts de nos sociétés, que ce soit en termes de nature, de médecine, d'environnement, d'écologie, d'agriculture, de paléontologie, de génétique et d'enjeux technologiques, énergétiques, sociaux ou politiques. De fait, il ne se passe guère une semaine sans que ne s'annonce un événement scientifique censé changer la face de notre monde. L'économie politique reste intrinsèquement dépendante des réussites ou des erreurs scientifiques de la biologie. L'intensification agricole, l'usage de la biomasse comme combustible, tout autant que le génie génétique ou les performances des technologies médicales, toute la biologie semble nous renvoyer inexorablement dans une autre société trouble et compliquée, peut-être sans conscience et sur laquelle nous n'aurions aucune prise.

En même temps, chacun s'aperçoit que bien des énoncés normatifs ou puritains sont justifiés, ou heureusement contradictoirement débattus, à partir des descriptions de la biologie et de la médecine, bien que la pertinence de ces notions tacites ne soit pas toujours analysée. Il en est ainsi, par exemple, de la reproduction et du développement embryonnaire. Ou encore de la différence des sexes légitimant, dans un nombre inattendu de pays, un sexisme outrageant pour l'espèce humaine, bien que largement réfuté par les avancées de la science. La biologie s'insère ainsi dans notre monde affectant jusqu'à nos organisations sociales. De plus, d'autres disciplines environnementales confirment l'importance d'une réflexion critique sur la nature et sur le devenir de notre planète.

INTRODUCTION

Comment comprendre alors que tant de réticences et d'incompréhensions théoriques se perpétuent ? La biologie, l'écologie, la génétique font resurgir des inquiétudes diffuses et des alarmes nouvelles paraissent relayer d'anciennes appréhensions oubliées tandis que les chercheurs tardent à nous rassurer. Peut-on davantage craindre les vaccins que les maladies ? Les bactéries résistent-elles toutes à nos antibiotiques ? Les moustiques vont-ils apporter le paludisme dans nos contrées ?

Il semble que la biologie suscite de plus en plus de commentaires de défiance, y compris dans ce qui est souvent présenté comme ses découvertes les plus remarquables. La modernité pourrait même devenir la cause de nos tourments. L'humain lui-même ne serait-il pas plus adapté à un milieu préhistorique ? Il subirait aujourd'hui, dans son alimentation, dans ses pathologies et jusque dans ses déficits immunitaires, toutes les affres de l'environnement transformé du monde présent. L'adaptation est donc reconnue contradictoirement comme un phénomène à la fois salutaire et gênant. En même temps, les controverses se succèdent sans parvenir à expliquer tous les enjeux de l'éducation à la biologie. Pourtant, une grande part de ceux qui croient encore aux fantômes ou aux visites d'extraterrestres ont acquis un solide bagage scientifique qui semble impuissant à réduire l'emprise des idées magiques. La question ne peut donc se réduire à un problème d'accumulation des savoirs. La priorité d'une éducation scientifique reste de développer *l'esprit critique* et d'apprendre à évaluer les critères d'une connaissance.

Alors, nous avons entrepris ici d'examiner ce qui dans les sciences du vivant peut soulever des problèmes et comment peut aujourd'hui se concevoir la biologie moderne. Après avoir considéré ce qui apparaît connu, nous passerons en revue l'état de certaines des contradictions sociales, historiques, philosophiques et scientifiques pour clarifier ce qui émerge des nouvelles perspectives de la recherche.

Et puisque la célèbre sentence de Dobzhansky annonce que « rien en biologie n'a de sens, si ce n'est à la lumière de l'évolution [1] », nous allons pénétrer un peu de cette histoire.

1

Une histoire naturelle

Quelque manuel de biologie qu'on consulte, il semble que l'histoire de l'évolution soit toujours racontée d'une même manière[1]. L'évolution serait un concept apparu en biologie vers 1800, à la suite de l'*Encyclopédie* et de la Révolution française, avec une conception maladroite développée par Jean Baptiste Lamarck[2]. Celui-ci apporte alors deux idées majeures : celle de la *transformation du vivant* sous l'effet des circonstances (ou transformisme) et celle de l'existence d'une *ascendance commune* de tous les organismes. Cette dernière est présentée plus discrètement, bien qu'il soit reconnu qu'elle implique une parenté commune, notamment entre le singe et l'humain[3].

Toutefois, Lamarck est aussitôt qualifié de précurseur[4]. En effet, la biologie de Lamarck fut contestée par un créationnisme officiel qui en aurait réduit la portée. Les espèces étaient considérées comme fixées une fois pour toutes par l'intervention divine et les sociétés savantes de l'époque anticipaient toute atteinte à ce dogme. Cette absence de consensus scientifique apparaît fréquemment dans les manuels comme résultant d'une insuffisance de la théorie lamarckienne en elle-même qui ne pouvait réussir à convaincre l'opinion. Cette déficience aurait entraîné la bataille difficile entre ses conceptions « approximatives », d'une part, et, d'autre part, l'intransigeance d'une biologie officielle, soutenue par des notables et des croyances rétrogrades, réinvitées après l'échec d'une révolution républicaine. Même après le siècle des Lumières, les quelques autres biologistes de l'époque ne semblent d'ailleurs fournir que des sortes d'opinions plus ou moins préscientifiques dont le fixisme et le catastrophisme de Cuvier[5] représenteraient les plus dogmatiques et les plus erronées. On reconnaît donc que l'hostilité de ce conservatisme fut un frein aux idées évolutionnistes.

De plus, il est en général ajouté que l'explication lamarckienne montrerait deux erreurs majeures qui justifieraient qu'elle ne soit pas considérée comme une avancée scientifique exceptionnelle. La première faute dévoile que Lamarck aurait fondé son interprétation sur l'hypothèse erronée de *l'hérédité des caractères acquis*. En effet, Lamarck aurait soutenu sa démonstration sur l'idée que les individus pouvaient transmettre à leur lignée certains des caractères qu'ils auraient obtenus au cours de leur vie, à force d'habitude[6]. Le second défaut reste souvent moins clairement exposé. Bien que matérialiste, la conception lamarckienne de l'adaptation des espèces à leur environnement posséderait une dimension *essentialiste* et ne montrerait pas de rupture avec l'idée d'une *complexité croissante* à l'œuvre dans la nature[7], selon le finalisme téléologique liant *cause* et *effet* comme l'époque le concevait. Enfin, les ouvrages s'accordent sur l'idée que le lamarckisme n'a eu que peu de postérité, reléguant Étienne Geoffroy Saint-Hilaire, Armand de Quatrefages, Alfred Giard, Félix Le Dantec ou même Charles Lyell[8] et Conrad Waddington dans un registre mineur.

Au contraire, Charles Darwin s'avérerait le génial et véritable fondateur de la théorie évolutive en asseyant sa conception sur un principe rationaliste, *la descendance avec modification* et cette révolution aurait « changé le monde[9] ». Le voyage que fit Darwin sur le *Beagle*[10] est alors présenté comme un périple initiatique qui lui aurait permis de développer imperturbablement une théorie plus mature au cours des années suivantes. Cette présentation tend à démontrer qu'il y aurait eu des « prédarwiniens », un peu comme il y eut des présocratiques, Darwin constituant le point de référence de la biologie.

Darwin est généralement décrit comme attentif à comprendre les variations de la nature. L'observation des pinsons des Galápagos [11], la lecture de Malthus [12] et l'examen du travail des sélectionneurs de pigeons ou de chevaux auraient facilité l'écriture de son œuvre majeure « sur l'origine des espèces au moyen de la sélection naturelle, ou la préservation des races favorisées dans la lutte pour la vie [13] » dont il aurait repoussé longuement la publication afin d'affermir ses idées et de présenter un système abouti. Le titre du livre est souvent donné de manière incomplète se réduisant à *L'Origine des espèces*. Son hypothèse centrale, celle de la sélection naturelle, repose sur quelques mécanismes élémentaires dont on souligne la pertinence : d'une part les individus sont porteurs de variations aléatoires dont certaines s'avèrent *héréditaires* ; ensuite, les individus se trouvant en *concurrence* pour leur survie, ces variations peuvent ou non produire un *avantage* pour celui qui les possède et autoriser une meilleure reproduction. La biologie évolutionniste pose alors ces considérations comme des principes majeurs, *des lois de la nature*.

Ici est toujours clairement affirmé que la sélection naturelle constitue le *principe universel* de l'évolution biologique et que cette sélection (naturelle ou sexuelle) effectue un tri aveugle des variations favorables en fonction de la concurrence plus ou moins indirecte des individus au sein de l'espèce. En règle générale, on dénie à toute critique de cette conception d'en avoir appréhendé le processus. Les contradicteurs ne contesteraient que parce qu'ils n'auraient pas tout compris. Il n'y aurait d'opposition que parmi ceux qui, généralement à cause d'une lecture désastreuse, ne comprendraient pas ce que la théorie énonce. Comme on ne peut se satisfaire de la présomption que la théorie ne soit assaillie que de mauvaise foi, il faut donc admettre que la complexité cachée du darwinisme réclame une certaine exégèse.

Paradoxalement, l'enseignement ne paraît pas attacher une place prépondérante à ce travail explicatif important, non plus qu'à l'évolution biologique en général. De quelque côté qu'on se tourne, il semble qu'on accorde généralement une place plutôt marginale à la biologie évolutive, quel que soit le pays concerné, au lieu de considérer l'évolution comme le *corpus* fondamental de toutes les recherches.

Certes, l'histoire évolutive est louée comme le fondement de la biologie[14]. Mais les manuels n'y consacrent que quelques pages et la traitent à part des autres notions biologiques, comme si celles-ci pouvaient en être indépendantes. L'histoire de la formation des idées reste quasiment silencieuse. Dans leurs travaux, la majorité des biologistes eux-mêmes ne font appel, rarement, qu'à quelques notions souvent très sommaires de la théorie. Il est aussi très exceptionnel que la publication des recherches scientifiques place les résultats obtenus dans le cadre général de l'évolution, laissant parfois supposer que les découvertes médicales ou biologiques puissent s'effectuer dans un espace totalement affranchi du paradigme évolutif. Par exemple, l'évolution paraît généralement absente des travaux sur le cancer, sur la fonction des molécules ou sur l'amélioration des variétés. Et tandis que la paléontologie semble étayer l'histoire évolutive, les explications privilégient davantage les catastrophes que les données sélectives darwiniennes. Enfin, la pauvreté et l'étroitesse des exemples illustrant la thématique évolutive dans les manuels scolaires laissent peu de place à une étude approfondie ou critique des mécanismes proposés. Il n'est souvent fait allusion qu'aux exemples répétés de la phalène du bouleau[15] contre l'erreur lamarckienne du cou de la girafe[16] pour se faire une idée du processus évolutif.

Il faudrait ajouter que la plupart de nos contemporains se contentent d'une connaissance assez confuse ou du moins très sommaire de la biologie de l'évolution. On perçoit souvent Darwin comme le *découvreur* de l'évolution, reconnaissant sa qualité matérialiste et l'importance du concept de la sélection naturelle, en général assimilé à la « survie des plus aptes[17] », tout en admettant indistinctement que *l'habitude* d'un animal pourrait tout de même engendrer des changements évolutifs[18].

Si l'évolution n'est conçue que d'une manière simplifiée, le terme « théorie évolutive » autorise souvent de bien curieuses interprétations, qui s'étendent depuis la conviction d'une *loi du plus fort* régnant dans une nature où les prédateurs disposeraient de la puissance sélective capitale, jusqu'à l'opinion assez répandue que l'évolution ne nous « concernerait » plus. L'énoncé semble même permettre la conjecture d'une évolution hypothétique, comme s'il s'agissait d'une simple supposition. Il n'y a donc rien d'étonnant à ce que l'évolution soit regardée comme un thème optionnel de la biologie.

L'espèce humaine aurait en effet réussi à « s'émanciper » de la sélection naturelle grâce à l'usage d'artifices de confort, comme le chauffage ou l'élevage. Cette perspective devient encore plus confiante dès qu'on aborde l'aléatoire possibilité des voyages vers la Lune ou vers Mars, comme si les grandes expéditions pouvaient davantage nous affranchir des forces de la nature. Véhiculée par nombre de séries de science-fiction, l'idée d'une course permanente vers une artificialité industrielle indispensable au monde humain reste omniprésente et fait un écho antithétique aux idéologies de la dégénérescence et du « besoin » d'un retour à un âge d'or ancestral. Car, contradictoirement, il est aussi professé que le soin apporté pourrait bien finir par emplir l'humanité de traits et de gènes mal adaptés.

Enfin, le concept fondamental de *reproduction différentielle* étant presque totalement absent du discours biologique, au profit du terme explicite de *sélection naturelle*, nos contemporains ne le conçoivent pas du tout comme un des traits essentiels de l'histoire évolutive. À vrai dire, le plus souvent l'idée de reproduction différentielle est presque entièrement méconnue, ignorée même dans des manuels ou dans certaines revues de vulgarisation scientifique, laissant la porte ouverte à l'hypothèse que l'évolution serait terminée ou, du moins, largement inopérante au sein d'une humanité qui aurait abandonné la nature pour la technologie.

Il est difficile de cerner comment l'enseignement tolère que de telles lacunes éducatives perdurent quand l'évolution devrait être comprise comme la dynamique fondamentale du vivant et en constituer la base éducative.

Or la place de l'évolution dans la biologie se restreint apparemment à la seule initiative de Darwin dont la théorie géniale, bien qu'encore largement nébuleuse pour la plus grande majorité, aurait permis certaines avancées « spéculatives » de la science du vivant, sans qu'on ne cerne vraiment bien leurs « applications » hypothétiques. D'autre part, la recherche biologique, agricole et notamment médicale, reste vécue comme une science orpheline dans ses activités concrètes et dont l'évolution ne semble pas partie prenante. La biologie n'y est conçue qu'en tant qu'elle engendre une amélioration technologique. Bien que les propriétés fonctionnelles ne puissent être expliquées autrement que comme la résultante de l'histoire des différenciations du vivant, l'évolution apparaît par conséquent largement secondaire. Il semble que la biologie pourrait même faire émerger des découvertes fondamentales sans aucun apport évolutif.

Ainsi, si paradoxal que cela puisse être, l'évolution ne constituerait donc pas une *condition nécessaire* de la biologie, ce qui justifie qu'elle occupe une position aussi marginale.

2

Un besoin de relecture

Rappelons ici que l'évolution est la seule explication scientifique de la diversité biologique. Toute la vie est apparue dans un bouillon de molécules et s'est diversifiée au cours d'un long processus de transformation. La diversité du vivant résulte de l'histoire évolutive.

Cependant, l'idée d'une variation des espèces n'était pas inconnue avant Lamarck. Lucrèce[1], par exemple, annonce clairement que les espèces survivent et s'ajustent aux circonstances. Le problème résidait plutôt dans la définition d'une *conception biologique* de l'histoire naturelle.

La notion d'histoire naturelle n'a, chez Buffon, aucune réelle connotation chronologique. Au XVIIIe siècle, le terme doit être entendu au sens d'une enquête descriptive[2]. Dans l'approche *historique* de l'histoire naturelle de Lamarck, l'évolution du vivant constitue donc une vraie rupture d'avec la conception fixiste de créatures animées. Et le naturaliste a bien conscience de la difficulté de concevoir cette fracture épistémologique[3]. Frappé par l'organisation du vivant qu'il essayait d'ordonnancer, il fut le premier à comprendre que la diversité biologique provenait de la transformation d'une forme vivante en une autre à travers de petits changements accumulés au cours de l'immense durée des temps géologiques[4]. Il énonce cette *théorie de la descendance* dans son cours de zoologie de 1799, mais c'est surtout en 1802 et en 1809 qu'il développe son argumentaire. Partant de structures simples émergeant de masses inanimées, les êtres vivants se sont développés en progressant jusqu'aux formes « supérieures ». Avec Lamarck, l'évolution n'est plus une hypothèse, c'est devenu *un fait scientifique.*

Cependant, allant ensuite de la vie individuelle à l'ensemble de sa lignée, le naturaliste énonce que l'apparition de caractères découlerait des *habitudes* prises dans des conditions de milieux différentes. Pour Lamarck, les processus évolutifs ne peuvent correspondre qu'à des progrès initiés par les individus eux-mêmes sous l'influence des circonstances extérieures et des milieux. Il imagine cela comme un processus dynamique de modification de la matière physique. Sa pensée reste profondément influencée par les idées du siècle des Lumières et par les projets d'émancipation des peuples, comme le laissent préjuger l'Indépendance américaine et la Révolution française de 1789, dont il épouse les convictions avec enthousiasme.

Lamarck n'a pas cherché à élaborer une théorie de l'évolution, ni voulu édifier un système. Il s'est contenté de relater que le vivant présentait une histoire propre dont l'état actuel nous révélait la mécanique et dont on pouvait dégager des lois naturelles de transformation. Introduisant la dimension historique de la nature, l'évolution est, pour lui, la conséquence d'un processus *physique* à l'œuvre à travers les générations. Du coup, les espèces disparues ne posent plus un problème à la biologie, car les fossiles témoignent tout simplement que les espèces changent. Dans ses écrits, Lamarck rapproche plusieurs idées plus ou moins empruntées aux biologistes de son temps, tels que Buffon[5] ou surtout Maupertuis dont les intuitions sont fascinantes, puisqu'il reconnaît que la variation fortuite des espèces provient, « à force d'écarts », des erreurs héréditaires[6], anticipant l'hypothèse de la descendance avec modification. Lamarck fera de cette *théorie de la descendance* le centre de sa conception. Car, si le naturaliste invente le terme de *biologie*, il a bien conscience que cette science serait sans objet si elle prétendait étudier la vie, cette notion quasi métaphysique. Ce n'est pas la vie, mais les *êtres vivants* qu'il faut considérer dans leur matérialité. Encore que déchiffrer leur structure biologique reste un souci bien insuffisant : *le vivant ne se comprend qu'en cela qu'il se transforme.*

Lamarck souligne alors l'existence du hasard, des *parentés* évolutives contre l'idée répandue de l'échelle hiérarchique des êtres[7]. Il établit l'hypothèse que la vie *primitive* émerge de la matière inanimée avec comme condition l'existence « de l'eau fluide », candide prémonition de la soupe primitive d'Oparine[8]. Il rompt avec l'anthropocentrisme et affirme que la reproduction (il dit « copulation ») et l'hérédité sont des forces majeures de l'évolution. Suivant la théorie de l'hérédité des acquis, il propose ainsi que les caractères acquis, positifs ou négatifs, apparus chez les espèces sous l'effet de l'environnement, restent conservés (il ne dit pas comment) et peuvent se transmettre à leur descendance, à condition qu'ils soient communs aux deux sexes. Il est donc le premier à énoncer ce *principe de descendance* qui constitue l'un des points les plus intéressants de la théorie de l'évolution et met l'accent sur le rôle de la reproduction.

Bien que Lamarck admette qu'on puisse faire l'hypothèse d'un *dessein* de la nature, d'une direction de la vie, le sexe constitue pour lui le mécanisme régulateur des variations. Lamarck a longtemps conservé des opinions théistes et finalistes, mais il est sans aucun doute devenu plus agnostique vers la fin de sa vie. Toutefois, avec lui, l'évolution « est le résultat d'une loi et non d'une intervention miraculeuse », insiste Lyell. Enfin, le réductionnisme scientifique, qui, sommairement, consiste à observer les variables les plus élémentaires pour expliquer les fonctionnements plus complexes, est une autre des principales contributions de Lamarck.

La théorie de Darwin ne se singularise donc de celle de Lamarck que par le fait qu'elle propose un mécanisme essentiel de l'adaptation, la *sélection naturelle*. En fait, le darwinisme a voulu établir une *loi biologique naturelle et universelle* (à l'instar de la physique, c'est ce qu'annonce Darwin) en proposant le *principe de sélection naturelle des concurrents*.

Darwin a ainsi échafaudé le premier système évolutionniste qui explique l'adaptation par des mécanismes extérieurs à l'individu, en tablant sur le hasard de l'apparition infinie des variations et sur la destruction des plus faibles, des moins favorisés. Le propre du darwinisme est certes de démontrer la parenté entre les êtres vivants, mais aussi de hiérarchiser les races, les civilisations – même si pour Patrick Tort[9] les hiérarchies de Darwin constituent une *méthode scientifique*. Il n'est cependant pas étonnant que le darwinisme ait été élaboré dans l'Angleterre victorienne, au moment de la révolution industrielle et de l'émergence du libéralisme économique. Darwin connaissait bien l'économie politique et la conception d'une concurrence sans frein proposée par Adam Smith[10]. Les idées de sélection naturelle sont construites simultanément chez Charles Darwin, Alfred Russel Wallace, puis chez Haeckel et Weismann comme un analogue biologique au capitalisme concurrentiel[11]. Bien qu'on ne puisse pas découpler les conceptions scientifiques de leur contexte socioculturel, il ne faut pas non plus en exagérer la portée. Il est toutefois possible de concéder que les mentalités de la bourgeoisie de l'époque victorienne pesaient d'une influence certaine.

Bien que nombre des idées évolutives aient été exposées bien avant Darwin, le darwinisme se présente comme une rupture d'avec les travaux précédents en cela qu'il édifie un *système* cohérent d'explications des transformations du vivant. Les conditions de vie des espèces dans leur environnement demeurent très secondaires face à la puissance de la concurrence dans la nature. En fait, Darwin récuse la tendance lamarckienne à donner la prédominance à l'action du milieu dans l'adaptation. Pour Darwin, ce n'est pas l'effet de l'environnement qui produit l'adaptation. Néanmoins, il est de plus en plus notoire que la publication du livre de Darwin ne provoqua pas à l'époque un bouleversement réel dans le monde des biologistes qui l'accueillirent bien davantage comme un développement de l'évolutionnisme de Lamarck[12]. C'est plus tardivement, avec la survenue du néodarwinisme, que les aspects novateurs du darwinisme ont été réellement consacrés.

Dans les ouvrages de sciences, comme dans l'esprit de nos contemporains, une certaine confusion persiste cependant sur ce qu'a réellement dit Lamarck. À y regarder de plus près, on constate souvent que les erreurs attribuées à Lamarck se retrouvent dans bien des énoncés, y compris dans certains des plus récentes de nos encyclopédies savantes qui vantent le darwinisme.

UN BESOIN DE RELECTURE

C'est par exemple le cas du principe lamarckien d'usage et de non-usage dans un article surprenant sur le cormoran aptère *Nannopterum* qui énonce « c'est un exemple type de la théorie de l'évolution de Darwin : dépourvu de prédateurs terrestres, l'oiseau a perdu l'habitude de s'envoler et ses ailes se sont atrophiées[13] ». Il faut reconnaître cependant que beaucoup de nos contemporains partagent encore cette notion. De la même manière et sans insister sur les exemples, on trouve aussi le récit de l'hominisation, décrivant un préhumain se mettant debout dans la savane pour observer au-dessus des hautes herbes et laissant ce caractère à sa descendance, ce qui paraît bien souvent s'apparenter à une théorie des caractères acquis.

En outre, les écrits célébrant la biologie évolutive darwinienne contiennent aussi d'insolites confusions. La description de nombre d'adaptations ne s'affranchit que rarement de l'hypothèse d'un progrès biologique ou d'un certain finalisme biologique (des erreurs telles que le poumon sert à respirer, la patte sert à marcher sont courantes). S'adapter, n'est-ce pas précisément ajuster ses réactions à un milieu, à une contrainte ? Un trouble est même jeté sur l'entité d'un grand sélectionneur potentiel, ouvrant une large porte aux errances créationnistes. Prenant en référence le titre de *L'Origine*, les textes parlent souvent d'une *évolution des espèces*, quand Darwin ne reconnaît pas les espèces autrement que comme catégories arbitraires de la pensée[14], que la sélection se fait sur les individus (non pas les espèces) et que l'évolution ne concerne que les *populations*. Quant à l'hypothèse d'une évolution progressiste et linéaire qui construirait une sorte d'amélioration des procédures organiques et des comportements, établissant une hiérarchie des êtres vivants, elle reste inscrite subtilement dans la plupart des manuels, dans l'imagerie triviale des arbres phylétiques et jusque dans l'iconographie comme s'en est amusé Stephen Gould[15].

En dépit de l'intérêt de son travail, Darwin, lui-même, est resté casanier, misogyne, et il est possible de questionner son humanisme bienveillant. Demeuré créationniste encore après son voyage, c'est tardivement qu'il a admis un certain agnosticisme[16] et c'est à travers ses relations avec Lyell, puis Wallace[17], notamment qu'a pris corps la théorie rationaliste qu'il présente en 1858[18] et publie en novembre 1859[19]. Ce livre original de Darwin est aussi truffé d'interprétations finalistes que l'on traite trop souvent d'anecdotiques, comme la queue de la girafe faite *pour* se débarrasser des mouches. De plus, enraciné dans la conviction d'une évolution lente et graduelle, Darwin se voit obligé de supposer une lacune des documents fossiles, des formes transitionnelles absentes[20], popularisées sous le nom de *chaînons manquants*.

Par conséquent, pour affirmer la rupture d'avec des conceptions anciennes et conservatrices, Darwin a dû souvent être chaussé de bottes de géant et parfois même l'unique aventure maritime de ce gentleman-farmer, plus pointilleux sur ses placements financiers que porté sur les voyages, est racontée comme le récit initiatique de la biologie contemporaine.

Il faut aussi répéter que la conception darwinienne a apporté au moins deux contributions extrêmement importantes à la biologie de l'évolution[21]. À partir du principe de descendance avec modification, il a introduit ses deux principaux concepts parallèles, la *sélection naturelle*, puis la *sélection sexuelle* (en 1871), en tant que tri plus ou moins aveugle des individus dans les populations. La scission avec l'anthropocentrisme y est alors affirmée. Mais il n'y a pas de dimension historique chez Darwin[22]. Ce sont surtout ses successeurs qui vont reconstruire le corpus théorique darwinien pour élaborer une explication systématique des mécanismes évolutifs, rompant définitivement avec l'hypothèse de l'hérédité des caractères acquis[23]. C'est cette version postérieure du darwinisme de 1896 qui connaîtra un succès décisif.

Le retentissement du darwinisme a aussi entraîné quelques maltraitances des conceptions de Lamarck. Darwin annonce qu'il veut rompre avec l'idée d'une évolution résultant d'une *volonté* des êtres, qu'il prétend avoir trouvée chez Lamarck, bien que Lyell le corrige à ce propos[24]. En fait, Lamarck explique que ce seraient les changements survenus dans le mode de nutrition qui produisent les variations chez les plantes et les habitudes chez les animaux. Le darwinisme récuse l'ensemble des théories lamarckiennes en prenant parfois quelques raccourcis. Alors que c'est Darwin qui, tenant à restreindre la notion de sélection naturelle, a laborieusement rédigé en 1868 une argumentation sur la théorie de l'hérédité des acquis, les gemmules[25], c'est à Lamarck, qui a mollement étayé son texte sur cette théorie ancienne, qu'en est fait le reproche. Mais les cellules ne peuvent jamais « enregistrer » de transformations liées à l'usage ou au non-usage. L'histoire de la girafe[26] censée récuser l'adaptation lamarckienne reste une caricature. En focalisant sur l'idée que Darwin avait raison *contre* Lamarck, on a oublié le rôle du démantèlement de l'échelle des êtres, la rupture anthropocentriste, la critique de l'essentialisme, le rôle du hasard et du déterminisme, le principe de descendance, le réductionnisme, l'histoire naturelle et nombre de conceptions lamarckiennes essentielles à la compréhension de l'évolution. Pourtant, même le très darwiniste Ernst Haeckel souligne l'importance de l'œuvre lamarckienne[27].

Darwin, comme beaucoup de scientifiques de son époque, croyait à la règle de l'usage et du non-usage définie par Lamarck, et à l'hérédité des caractères acquis. La démonstration de Weismann[28] qui, coupant la queue des souris pour vérifier que ce caractère n'apparaîtrait pas chez les descendants, n'a aucune valeur expérimentale pour récuser la théorie de l'hérédité des acquis. Elle montre cependant combien les premiers darwinistes ont eu besoin de modifier la conception darwinienne pour l'appliquer et d'en taire les maladresses. C'est principalement à Thomas

Huxley, August Weismann et surtout Ernst Haeckel qu'on doit l'édification de la théorie darwinienne, dénommée alors *doctrine de l'évolution* et en grande partie fondée sur la notion clairement affirmée d'une *survie des plus aptes*[29].

On ne voit alors pas pourquoi un être vivant parfaitement adapté pourrait encore évoluer, puisque toute variation lui deviendrait néfaste. Les fossiles disparus devraient aussi exhiber plus d'inconvénients que de réussites. Or les paléontologues s'enthousiasment pourtant des adaptations réussies des grands sauriens disparus. Au bout du compte, la différence n'est pas si grande entre les deux conceptions de l'évolution biologique. Lamarck estimait que l'environnement compose un élément actif orientant l'évolution. Un processus lamarckien suppose donc que la variation évolutive résulte de l'effet des circonstances qui oriente le corps vivant pour s'adapter à son environnement. Darwin, lui, a nommé sélection naturelle la « force » qui oriente la variation à travers le crible de l'environnement et considérait que la concurrence constitue le fondement dynamique de ce tri. Un processus darwinien suppose donc que l'environnement reste le filtre passif de la concurrence des variations évolutives.

En fait, l'importance théorique de la sélection darwinienne (naturelle ou sexuelle) réside bien davantage dans la notion de *descendance avec modification* que dans une force de tri qui serait extérieure aux individus. La descendance avec modification montre que c'est la différence entre le nombre de descendants des uns et des autres qui modifie la composition d'une population au fur et à mesure des lignées qui se succèdent. La reproduction différentielle est ainsi conçue comme une *fonction d'invasion* d'une population à travers la propagation des descendants.

Toutefois, le darwinisme a également insisté sur la *concurrence* nécessaire au sein de l'espèce (*struggle for life*)[30] et sur la survie du plus apte (*survival of the fittest*, terme préféré de Wallace). La concurrence s'introduit précisément entre la variation héréditaire et la reproduction, car c'est ce qui opère la sélection. Or les termes choisis de concurrence, de survie des plus forts et de sélection n'ont rien de neutre ni de simple à appréhender. Ainsi le mot de sélection semble signifier un mécanisme analogue à un tri *dirigé* qui ôterait les mauvais côtés d'un produit pour le rendre optimal[31], quand, le plus souvent, il ne s'agit que d'une des seules solutions aveugles de moindre résistance, imposées par des contraintes *physiques*, bien plus que par un bénéfice apporté, comme le montre la morphologie hydrodynamique des requins et des dauphins. Les biologistes se voient par conséquent toujours obligés de traduire la signification biologique de ces termes alors que l'usage de « reproduction différentielle » ne l'exigerait pas.

Il est probable, ici, que bien des darwinistes aient volontiers confondu la *promotion* d'un homme avec la diffusion des conceptions biologiques, en insistant sur son histoire personnelle plutôt que sur les limites scientifiques de son travail. Cette personnification héroïque, devenue une tradition, accompagne souvent la mythologie du fondateur où *le surhomme est prétendu avoir accompli l'acte seul*. Dans la littérature biologique, ce glissement est parfaitement identifiable à l'usage immodéré de l'épithète *darwinien* en lieu et place d'*évolutionniste*, mais pourrait bien plus relever de la pensée magique qu'on ne le soupçonne ordinairement[32].

Une grande part du malentendu sur l'évolution tient précisément au fait que les zélateurs du darwinisme ont forcé le propos pour en accroître la portée. Ainsi, Clémence Royer[33] n'hésite pas à faire de la théorie darwinienne une leçon anticléricale, sinon même socialiste, et à glorifier l'auteur à l'égal des héros. Pour Alfred Wallace, au contraire, le sélectionnisme révèle quasiment le « but de la création ». Ailleurs, le darwinisme est juste considéré comme une simple prolongation des idées lamarckiennes s'intéressant davantage à des spéculations sur l'origine du vivant plutôt qu'à l'étude, beaucoup plus sérieuse, des fonctions biologiques essentielles. Cette dernière conception s'exprime encore largement chez certains biologistes et médecins pour qui l'histoire naturelle reste un beau récit, dramatique à souhait, mais encore trop puéril pour les distraire de leurs travaux vraiment plus importants. L'aspect apparemment spéculatif et abstrait de la théorie évolutive se trouve alors opposé à l'expérimentation utilitariste ou à la rationalité de la démonstration de laboratoire. C'est l'une des raisons qui légitiment la relégation spontanée de la théorie à la marge de la biologie.

Le choix des références explicites ne constitue jamais un choix neutre. Ainsi, le sens de l'adjectif *lamarckien* a progressivement glissé vers une signification simple, admise par tous, quoiqu'en partie erronée. On qualifie de lamarckien un processus direct de transmission génétique acquis à travers l'environnement, suivant en cela l'hypothèse de l'hérédité des caractères acquis. Or il n'en est pas ainsi du qualificatif *darwinien* dont la référence historique dépasse bien trop souvent la réalité de l'apport de Darwin. Ne devrait-on pas restreindre l'adjectif darwinien à sa seule signification réelle au lieu d'en multiplier l'épithète actuellement usitée en sciences de l'évolution ? C'est-à-dire en réserver l'usage pour qualifier un processus de *sélection naturelle de caractères avantageux sous l'effet d'une concurrence intraspécifique* et redonner à la reproduction différentielle la place qu'elle devrait avoir plutôt que de considérer en synonymie darwinien et évolutionniste ? Cela permettrait d'ouvrir la théorie sur tout un ensemble de débats qui la travaillent et de clarifier l'état actuel de la recherche sur l'évolution.

Car, avec l'élargissement moderne du qualificatif darwinien, il n'est pas faux d'affirmer que Darwin a été, en grande partie, réinventé par le néodarwinisme.

3

La rénovation théorique

Si le néodarwinisme constitue un vrai tournant dans l'élaboration de la théorie de l'évolution, c'est principalement à l'apport de la génétique des populations qu'il le doit. Le *néodarwinisme* ou *théorie synthétique de l'évolution* résulte de la tentative de réconcilier la théorie de l'information génétique fonctionnelle et les théories de la sélection biologique vers 1960. La théorie néodarwiniste affirme *la sélection naturelle des meilleurs gènes*. En quelque sorte, le darwinisme qui nous est présenté alors est une sorte de convention imaginée par Julian Huxley, Ernst Mayr, Theodosius Dobzhansky et George Gaylord Simpson[1] notamment... La *théorie moderne* qui en découle, celle qui fait consensus, énonce que si la *différence* entre les variants d'un gène (ou allèles) produit un *avantage* en termes de survie ou de reproduction, alors la *fréquence* de cet allèle va augmenter au cours des générations suivantes. La reproduction différentielle est donc maintenant conçue comme une fonction d'invasion par diffusion des bons gènes. La majorité des biologistes admet aujourd'hui la plupart des postulats implicites de la théorie, mais bien peu en mesurent les tenants et les aboutissants.

En outre, il ne faudrait pas voir le néodarwinisme comme une théorie unifiée. Il s'agit bien davantage d'un corpus de conceptions scientifiques plus ou moins concordantes. Le pouvoir heuristique du concept de la sélection naturelle a favorisé l'établissement d'un consensus au sein des biologistes qui peuvent proposer bien des amendements théoriques à l'ensemble. Aussi, les désaccords semblent se succéder, alors qu'en réalité, les débats sont davantage animés par des questions qu'on considère comme internes que par une remise en cause générale de la théorie. En premier lieu, la place qu'occupent les gènes dans le processus évolutif est encore assez laborieusement définie.

La plupart des manuels qui exposent l'évolution biologique commentent l'ignorance qu'avait Darwin de la transmission des caractères héréditaires. De plus, la sélection naturelle ne procurait pas une explication satisfaisante de l'évolution biologique, parce qu'elle ne disait rien de l'origine des variations sur lesquelles son action s'exerce. Gregor Mendel[2] est alors présenté comme le chercheur qui apporta la contribution décisive en montrant que l'hérédité était contenue dans le caractère génétique. En croisant des petits pois aux caractères distincts, Mendel avait mesuré que la propagation régulière des traits répondait à une loi statistique, délivrant les caractères de chaque parent d'une manière mesurable dans la progéniture. Mais ce travail apportait plus de valeur à la fixation des caractères qu'à leur variation. C'est Hugo De Vries[3] qui va signer l'acte de naissance officiel de la génétique. Il observa une série de malformations brusques et discontinues dans des plants d'onagres et il nomma mutations l'existence de ces déformations héréditaires, les opposant à la variabilité graduelle postulée par Darwin, mais soulignant l'importance de cette variation pour la sélection naturelle.

    Cela reste cependant un récit très simplificateur des apports de la génétique à la théorie néodarwiniste puisqu'il fallut attendre la découverte de la méiose et de la ségrégation des chromosomes[4] par Sutton et les travaux d'Avery, McLeod et McCarthy[5] pour avoir une idée de la molécule impliquée, l'ADN. Les caractères héréditaires des individus sont codés à travers une séquence de nucléotides, définie sous le nom de gène. Il fut ensuite reconnu que la variation des caractères pouvait trouver son explication dans la *mutation* du gène, démontrant qu'un caractère transmissible pouvait varier à faible échelle et être soumis à l'exercice de la sélection. Ainsi la mutation inscrit-elle les erreurs de copie (comme l'avait supposé Maupertuis) des gènes dans l'hérédité des caractères soumis à la sélection naturelle. Cela dit, le nombre d'erreurs est loin d'être infini puisque dépendant des permutations des bases. Bien que la question de la mutation ait un certain temps constitué une pierre d'achoppement entre les gradualistes, notamment avec Pearson, et les mendéliens saltationnistes comme Bateson, le gène présentait tout de même une discontinuité tolérable pour s'inscrire dans l'hypothèse des changements réguliers et infinis des organismes. En effet, l'un des problèmes majeurs de l'évolution tient au fait que les transformations organiques ne peuvent être de trop d'importance sans générer aussitôt une difficulté de survie pour l'organisme qui les subit. Le nouveau phénotype déterminé par la mutation génétique serait en quelque sorte privé de l'adaptation qui le reliait à son ancien environnement, et ne pourrait acquérir un avantage adaptatif immédiat dans un nouveau milieu, sans développer un grand nombre de modifications organiques simultanément. La mutation du gène résolvait en partie ce problème de la discontinuité en autorisant l'accumulation graduelle de changements minimes et sans conséquence, jusqu'à un seuil satisfaisant pour que s'exprime une physionomie originale adaptée à un nouvel environnement.

Toutefois, le concept d'hérédité n'a pas connu de vraie définition. Il était assimilé à l'héritage[6] de l'ère du capitalisme victorien avec la notion de « patrimoine » génétique. Pourtant hérédité et héritage diffèrent par bien des caractères, ne serait-ce que par le fait que l'héritage peut s'accumuler indéfiniment. Au contraire, les quantités d'ADN contenues dans les cellules d'un organisme complexe ne sont pas vraiment supérieures à celles d'un organisme simple. Il n'est en fait pas possible d'établir une relation entre quantité d'ADN et complexité des organismes. Les variations ne peuvent pas s'accumuler, mais plutôt se substituer.

Enfin, bien que la plupart des fonctions attribuées aux gènes aient été définies négativement à travers des pathologies, comme l'aile vestigiale des drosophiles[7], l'hypothèse de « bons gènes » favorables à l'adaptation d'un organisme s'est rapidement édifiée. L'univers binaire de la génétique a cependant admis hâtivement le caractère ambivalent de chaque gène, notamment avec la découverte de la drépanocytose[8] – aussi le « bon » gène prit alors une connotation *relative* : le gène ne peut être considéré comme avantageux que dans les conditions requises pour sa « bonne » expression.

Officiellement, la synthèse néodarwiniste fut aboutie à la fin des années 1960, bien que nombre de corrections l'aient complétée depuis pour composer ce qu'aujourd'hui on nomme *la théorie moderne*. La synthèse retient le changement de fréquence de gènes dans les populations sous *l'effet de la sélection*. Avec le néodarwinisme, la conception de la *survie du plus apte* a été éliminée pour réduire la sélection à la simple propagation des gènes. Le terme de concurrence s'est aussi affiné en admettant que de simples avantages mineurs héréditaires suffisent à installer progressivement des nouveaux phénotypes et à éliminer les anciens, quoique cette dernière question s'avère très peu discutée. Enfin, officiellement, le néodarwinisme ne se prononce pas sur l'idée de *progrès eugéniste* en évolution. L'évolution est donc résumée selon les termes de David Hull en trois étapes : « Les gènes mutent, l'individu est sélectionné et la population évolue[9]. »

Toutefois, la théorie ne peut occulter que le processus évolutif est alors compris en termes d'amélioration des procédures organiques, favorisant une *meilleure* reproduction. Le néodarwinisme suggère par conséquent que la sélection elle-même constituerait une sorte de dispositif de perfectionnement des mécanismes organiques, rendant l'organisme de plus en plus efficient dans son environnement propre. Si cette hypothèse d'une optimalisation[10] reste contenue dans le principe de la sélection, elle se heurte principalement à la volonté de réfuter tout progrès eugéniste qu'annonce le nouveau matérialisme du néodarwinisme. De fait, l'idée de l'optimalisation paraît concorder avec l'apparente complexification du vivant au cours de l'évolution des espèces et cela ressemble bien à un progrès. Cette notion d'une vie toujours plus complexe avait déjà largement influencé Lamarck (bien qu'il semble ici plutôt se référer à l'ontogenèse qu'à l'évolution[11]) et paraît s'imposer comme une évidence pour nombre de nos contemporains, biologistes compris. La diversification du monde vivant pourrait aussi y puiser une explication. La sélection naturelle semble répondre ainsi à la nécessité de rendre toujours plus efficients les processus organiques dans un *progrès* biologique.

Souvent décliné en *sexuelle*, *naturelle* et même, on le verra, de *parentèle*, le concept de sélection reste encore bien flou et se révèle aujourd'hui très différent de ce que Darwin proposait. Il est, par exemple, difficile d'assimiler la vitesse de réplication de molécules à la compétition de deux organismes[12]. Les conséquences ne sont pas similaires. En fait, le concept darwinien est encombrant dès qu'on essaie de l'employer pour décrire les étapes primordiales de la vie où bien des mécanismes à l'œuvre semblent déjouer nombre de procédures darwiniennes.

Enfin, la *fitness*[13] se mesure à travers la fécondité d'un individu (la dimension de survie n'a évidemment d'intérêt évolutif qu'à la condition de la reproduction). Or affirmer que la sélection naturelle contribue à la survie de l'espèce revient à apporter une finalité à un processus, propager l'espèce, qui n'existe qu'à l'échelle de la relation individuelle. Voilà aussi pourquoi la définition du néodarwinisme dissimule de plus en plus souvent la notion de *sélection* des gènes *favorables*, reconnaissant par là même la nécessité de son dépassement.

Car sans sélection ni concurrence, il n'y a pas de darwinisme possible.

4

Le gène égoïste

Dans les années qui suivirent l'édification du néo-darwinisme, le problème crucial de la cible évolutive se posa de plus en plus clairement, d'autant que la notion d'espèce s'appuyait sur une définition très approximative. Généralement déterminée par sa morphologie distincte, l'espèce constitue un rassemblement équivoque dans l'espace et dans le temps, dans la mesure où l'on ignore souvent les limites géographiques de sa répartition et qu'on ne peut facilement cerner la coupure entre l'espèce ancestrale et la plus récente.

Il fallut insister sur l'importance d'une catégorie autrefois négligée dans la biologie : la *population* biologique. Quoique d'une délimitation encore incertaine, la population put être définie à la lumière de la génétique en tant que rassemblement des individus en capacité directe de se reproduire entre eux, selon le concept de *panmixie*. La population constitue donc un ensemble abstrait d'individus formant ainsi une unité de reproduction. Elle dispose d'un espace et d'une durée car si les individus d'une population peuvent se croiser entre eux, ils se reproduisent moins avec les individus des populations desquelles ils sont géographiquement ou temporellement distants. Les changements de fréquence des allèles à l'intérieur de la population peuvent alors constituer la caractéristique majeure de la mesure de l'évolution, puisque la fixation de certains allèles lui donne une identité génétique, le *pool* génétique, et que l'accumulation des changements dans la population peut conduire à la formation d'une espèce nouvelle, la *spéciation*. Les individus sont donc compris comme des objets passifs de la sélection.

Ainsi, bien qu'agissant sur les individus, comme insistait Ernst Mayr[1], la sélection naturelle entraîne le changement des populations. En dépit de ce que le titre de Darwin laissait présager, les contraintes évolutives ne s'exercent que sur les individus entraînant des changements à l'échelle de la population. La dimension historique s'efface avec le recours au hasard et à la force des concurrences. Très vite, les travaux de biologie moléculaire mirent cependant en évidence que des changements historiques affectaient les molécules. Si les fluctuations de la rapidité de réaction peuvent être assimilées à un simple bruit de fond moléculaire, il n'en reste pas moins que le processus évolutif peut être touché par des modifications à l'échelle des molécules.

L'idée de réduire la sélection à des flux de gènes et de confondre *réplication* et *reproduction* est de Richard Dawkins qui applique alors le darwinisme monolithique le plus rigoureux en développant une conception de la concurrence adaptative des gènes[2] inspirée par William Hamilton. Il apparaît en effet impossible de nier la force des conflits d'intérêts entre les individus. Cette constatation suggère une sévère concurrence puisque les êtres vivants chercheraient naturellement à optimiser leur valeur sélective. De même peut-on considérer les interactions négatives des molécules entre elles. Utilisant une allégorie anthropomorphiste, Richard Dawkins[3] dans sa théorie du « gène égoïste » montre alors que l'égoïsme peut devenir un *principe explicatif* de l'évolution. Il suffit d'admettre que la force de la concurrence peut également intervenir entre les gènes eux-mêmes. En fait, l'épithète « égoïste » n'implique évidemment pas ici que les gènes seraient pourvus d'une vanité immanente. Dawkins soutient seulement que leurs effets doivent être compris *comme si* les gènes ne renforçaient que « leurs intérêts propres ».

Le gène ne peut en effet pas être sélectionné s'il réduit sa propre autoréplication. En conséquence, les gènes stimulent leur propre « reproduction » (la réplication en fait). Dawkins, se débarrassant d'un eugénisme trop ostensible, évite aussi le piège d'un gène propre à la sociobiologie des gènes altruistes en proposant une solution qu'il trouve dans la parenté, la *sélection de parentèle*.

De nombreuses espèces sociales incluent des individus stériles dont la reproduction est reniée au bénéfice apparent du groupe, comme chez les fourmis par exemple. Les individus paraissent se sacrifier parce qu'en le faisant, ils favoriseraient « égoïstement » les gènes qu'ils partagent avec les survivants. Ici, l'« altruisme » découle de l'« égoïsme » individuel des individus qui possèdent des gènes en commun. Ainsi, en s'appuyant sur le travail de William Hamilton sur les règles de la parentèle, l'hypothèse *de l'aptitude inclusive*[4] soutient que l'évolution conduirait à maximiser l'efficacité de chacun à propager le plus grand nombre de ses propres gènes aux générations futures. Même en se sacrifiant ou en abandonnant leur reproduction, les individus « altruistes » défendraient leurs propres apparentés et favoriseraient la diffusion des gènes qu'ils partagent.

L'évolution est alors considérée comme l'histoire de l'autoréplication du matériel génétique défini comme « immortel ». Les êtres vivants sont regardés comme des « machines à faire survivre les gènes » (*dixit* Dawkins). Le gène se reproduirait pour lui-même et les êtres vivants ne font qu'aider à répandre une *information génétique* portée par un ADN quasi immortel. Le gène égoïste est actuellement l'une des théories les plus consensuelles du néodarwinisme. À remarquer cependant que, chez Darwin, la concurrence « entre formes apparentées » incitait à la formation des espèces nouvelles[5] alors qu'ici, au contraire, la parenté serait ce qui engage la coopération et le sacrifice. La valeur heuristique de cette théorie centrée sur le gène a été soulignée par nombre de biologistes enthousiastes, mais d'autres, comme Gould, s'y sont aussi farouchement opposés. Alors, des compléments théoriques ont dû être proposés pour apaiser les malentendus de ce modèle verbal contre-intuitif.

La tendance actuelle, dite *théorie moderne*, est de définir l'évolution néodarwiniste comme « les variations des fréquences relatives d'allèles (les variants des gènes) transmis d'un individu à l'autre *via* un support d'information biomoléculaire (l'ADN) au sein d'une population donnée », sans bien expliquer pourquoi cette définition-là a autant glissé et masque discrètement et la sélection et la concurrence. La reproduction différentielle n'entre donc plus obligatoirement dans la définition de la sélection, alors qu'au contraire la dérive génétique aléatoire[6], pourtant clairement non darwinienne, peut maintenant jouer un rôle considérable. L'évolution devient plus dépendante du hasard que de la sélection. Il est aisé de reconnaître que, bien que modernisée, cette définition reste beaucoup plus *lamarckienne* que *darwinienne*. En effet, elle rappelle l'idée de *modification de la descendance sous l'effet des circonstances*, qui figure sous cette forme dans la théorie de l'histoire naturelle de Lamarck, puisque le gène *a pu être retenu sans que des raisons sélectives en rendent compte*. Du coup, observer ou stimuler la succession de plusieurs mutations de gènes paraît suffire pour que certains chercheurs pensent étudier l'évolution biologique. Même un simple travail sur des variations est alors abusivement assimilé à une démonstration de l'évolution darwinienne, bien que n'y figurent ni sélection, ni concurrence, ni reproduction différentielle.

Les travaux qui ont porté sur le séquençage des génomes devaient s'avérer remplis de la promesse d'une explication ultime du fonctionnement de la vie. Avec le décodage des gènes impliqués dans le vivant, la biologie semblait atteindre son étape suprême qui autorisait toutes les prévisions sur la fin des maladies, des pathologies et de la vieillesse. Aussi nombre de moyens furent placés dans cet objectif final : le séquençage du génome humain[7]. On n'y découvrit en fait que de nouvelles questions. La mise en évidence de la modicité du nombre de gènes fonctionnels chez l'humain, environ 25 000, a aussitôt démontré que le gène ne pouvait pas être conçu comme la molécule élémentaire qui caractérisait à la fois l'organisme et les complexités propres à l'être humain. En outre, l'ADN non codant compose plus de 99 % du génome. Du coup, les hypothèses proposées sur les comportements, supposés réductibles à des séquences génétiques par la sociobiologie, devenaient totalement caduques. En décryptant le génome, les biologistes ont bien davantage fait la démonstration que les gènes ne constituaient pas les éléments d'un programme, mais s'activaient en « réseau » (c'est le terme actuellement à la mode), en chaînes plus ou moins sensibles à des expressions données, contredisant les définitions fondatrices du néodarwinisme[8].

D'autres travaux ont également brouillé les perspectives ouvertes par la « théorie synthétique ». Ce fut notamment le cas des gènes neutres[9] qui divulguait que des processus indéterminés pouvaient entraîner des changements évolutifs, *en dehors* du mécanisme sélectif, retrouvant une problématique assez lamarckienne. En effet, des modifications aléatoires de fréquences alléliques dépendaient aussi de ces gènes neutres évolutivement, sur lesquels la sélection ne pouvait exercer aucune action. L'élimination ou la propagation de nouveaux allèles s'effectuait par simple dérive génétique aléatoire sans aucun gène avantageux.

De plus, l'importance nouvelle accordée aux épisodes catastrophiques, comme les éruptions volcaniques[10], les modifications des climats ou la chute de météorites[11], qui ont pu contraindre au renouvellement des faunes, a aussi révélé les limites de la théorie sélective. Enfin, il est notoirement perçu que les découvertes des micro-ARN[12], de la transmission horizontale de matériel génétique, de l'homosexualité animale ou encore de la spéciation sympatrique[13] dépassent largement les limites du néodarwinisme, montrant que l'évolution pouvait connaître des événements *non sélectifs*. Même l'installation des « espèces invasives[14] » rend problématique la réalité du « principe d'exclusion » sur lequel repose l'hypothèse de la concurrence et suggère la relativité de l'existence des niches écologiques.

Pourtant, tant qu'elles restent définies en termes de *variations des fréquences alléliques*, ces anomalies, bien que fermement débattues par nombre de néodarwinistes, peuvent alors être plus ou moins confusément incorporées à une théorie générale. Certains préfèrent les voir figurer simplement comme de plaisantes, mais rares exceptions.

Encore une fois, l'hégémonie du néodarwinisme découle principalement de cette apparente aptitude à assimiler tout et son contraire, délaissant justement ce qui fait le fondement d'un apport scientifique, la *rupture épistémologique*[15].

Pourtant, reconnaître en quoi une observation nouvelle remet en cause le principe lui-même est le fondement de l'émergence des explications scientifiques et c'est cet esprit critique qu'on devrait enseigner.

5

Le néolamarckisme

Il serait cependant incorrect de prétendre que le darwinisme et le néodarwinisme aient imposé leurs particularismes sans un immense effort d'explication. Bien au contraire, un argumentaire détaillé a été largement diffusé en appuyant les commentaires sur des thèses résumées. Le lamarckisme est souvent malmené dans cette démonstration. Les partisans du darwinisme usent alors d'arguments simplifiés pour discréditer les thèses de Lamarck, généralement affublées de prétentions explicatives assez gauches.

Si la théorie lamarckienne de l'histoire évolutive s'est grandement développée au XIXe siècle, elle fut d'abord implacablement combattue par les disciples de Cuvier[1]. Elle trouva un plus large écho avec Lyell en

Grande-Bretagne et ne revint vraiment en France qu'après le développement du darwinisme. Tout d'abord, parce que les idées de Lamarck construisaient une conception très large de l'histoire évolutive. Puisque la morphologie n'a de sens que dans la mesure où elle révèle les *besoins*, Lamarck a supposé que ces besoins constituent la force majeure de l'histoire naturelle[2]. Ensuite, bien qu'il n'ait qu'une mince idée de la manière dont fonctionne l'hérédité, Lamarck s'appuie résolument sur une conception historique des changements et de la descendance[3]. Mais lui-même restait critique envers une vision trop simpliste de l'hérédité des caractères acquis. « Si par besoin, on entend un effet direct du milieu sur les êtres vivants, on se trompe », assure Lamarck.

Le darwinisme puis le néodarwinisme se sont prioritairement emparés de cette hypothèse des caractères acquis, dans sa version la plus naïve, pour réfuter la conjecture lamarckienne que les besoins composeraient une force évolutive. Cette objection, on l'a vu, devait permettre d'imposer la notion d'un principe matérialiste général traversant l'évolution biologique, *la sélection naturelle*. Mais ce raisonnement a aussi suscité nombre de réticences. Car si la démonstration expérimentale contre les caractères acquis s'avérait particulièrement délicate (on peut penser à l'expérience de Weismann), la justification de la sélection naturelle ne reposait, elle, que sur des exemples dessinés *a posteriori*, c'est-à-dire que l'histoire sélective était déduite de l'adaptation visible. Le scénario évolutif pouvait par conséquent tout aussi bien confronter deux préjugés.

En outre, une certaine opposition aux prétentions scientifiques allemandes n'a pas été étrangère au renouveau du développement et à la crispation du lamarckisme en France, sous l'impulsion d'Étienne Rabaud et de Félix Le Dantec notamment[4]. À la même époque, Haeckel ou Weismann travaillaient à redéfinir, en effet, le darwinisme dans un monde germain jugé antagoniste. Du côté des darwinistes, Weismann, s'étant rapidement débarrassé du plasma germinatif par son expérimentation grossière sur la queue des souris, il fut aussitôt entendu que le lamarckisme ne pouvait constituer qu'une puérile continuité des errances françaises du XVIIIe siècle. En plus, le problème de la mutation, que Hugo De Vries venait de faire apparaître, ne simplifiait rien.

Tant que la génétique ne semblait intéressante que pour améliorer les sciences agricoles, la problématique évolutive s'en tint là. Les lamarckistes prolongeaient cependant leurs travaux traitant de l'influence de l'environnement susceptible d'affecter les caractères organiques. Cela à partir du paradigme d'une *action directe* et dans l'idée d'établir le fondement causal de l'évolution, réduisant de beaucoup les idées de Lamarck. Étienne Geoffroy Saint-Hilaire avait pourtant déjà proposé l'hypothèse que des monstruosités aient pu faire émerger de nouvelles espèces[5], soulignant le rôle des facteurs internes de développement. Mais la multiplication des variations génétiques, la découverte du chromosome puis l'élaboration de la théorie synthétique sont directement venues favoriser la version de la sélection naturelle, en y apportant l'élément décisif qui lui manquait : le gène héréditaire qui portait les caractères. Le lamarckisme semblait alors définitivement relégué à la portion congrue, emportant, avec son échec apparent, l'importance du fondateur de l'évolution biologique.

Pourtant, le lamarckisme connut aussi ses sursauts. Pierre-Paul Grassé[6] a opposé à la théorie nouvelle l'existence d'espèces *panchroniques*[7], c'est-à-dire des espèces qui paraissent avoir immobilisé leur évolution à un moment donné en dépit des modifications de la planète. On peut y reconnaître l'hatteria (*Sphenodon*), l'ornithorynque (*Ornithorhynchus*) ou encore les cœlacanthes *Latimeria*, les uns et les autres très ressemblants aux formes du crétacé. Du coup, si les contraintes physiques extérieures ne semblent pas soumettre les individus à des changements, c'est que, supposait-il, la *dynamique interne* des êtres vivants pourrait se révéler la cause de leur évolution, provoquant notamment un accroissement de la complexité des êtres vivants, préfigurant les préoccupations actuelles des théories du développement évolutif. Il restait à en définir le principe.

Les hypothèses des « monstres prometteurs » de Richard Goldschmidt[8] aussi bien que celles des « équilibres ponctués » de Gould retiennent également ce problème des stases évolutives, dont il est difficile de rendre compte dans le néodarwinisme autrement que comme des lacunes de documentation ou comme des erreurs d'interprétation. En effet, à cause d'une telle carence de formes transitoires, il n'est pas possible d'affirmer une évolution graduelle et on doit reconnaître l'existence de « sauts évolutifs ».

Bien que cette stabilité phénotypique puisse désavouer l'effet des pressions sélectives, la réalité de la stase évolutive de ces espèces reste toutefois contestable dans le cadre d'une définition néodarwiniste « étendue » puisque les populations continuent de fixer des allèles différents[9]. Néanmoins, les espèces panchroniques révèlent, premièrement, les limites très étroites de la variation que le néodarwinisme estime infinie et, deuxièmement, que la fluctuation génétique peut n'entraîner aucune spéciation, même à long terme par effet de dérive. C'est donc dire que la formation d'espèces nouvelles pourrait bien résulter d'un processus plus complexe que le seul tri des variations par l'environnement et exiger d'autres procédures. Enfin, en s'appuyant sur la variation génétique, on place *ipso facto* la dérive génétique aléatoire au rang de processus évolutif au même titre que la sélection naturelle, réfutant du même coup un néodarwinisme orthodoxe car, ici, suivant un schéma lamarckien, la transformation dépend bien davantage des circonstances que de la sélection adaptative.

Mais c'est par la génétique, qui semblait pourtant ancrer définitivement le néodarwinisme, que vont être jetés les premiers troubles sur les fondements de la synthèse moderne. En constatant que, en dépit des variations du génotype, un organisme vivant peut exhiber le même phénotype, Conrad Waddington[10] a proposé la notion d'*assimilation* génétique. Une réponse phénotypique à un stress environnemental peut alors être traduite génétiquement. Bien que Waddington réfute son assimilation à du lamarckisme, la démonstration qui en a été faite rigoureusement soutient ainsi le principe de l'hérédité des caractères acquis, mais d'une manière beaucoup plus indirecte que ne le supposaient les premiers lamarckistes.

D'autres curiosités issues de travaux génétiques, comme la plasticité phénotypique, les transferts de gènes directement sans reproduction, l'acquisition de résistance des coraux *via* un effet probiotique ou encore l'épigénétique, vont rapidement s'accumuler, formant la base d'une compréhension génétique d'événements apparemment lamarckiens[11]. Plusieurs publications scientifiques ont révélé la réalité d'une hérédité « non mendélienne » dévoilant que le génome pourrait être corrigé à travers de complexes relations avec l'environnement. Même la multirésistance apparente dans les cellules leucémiques HL60 après traitement ne correspond pas à un mode de sélection darwinienne, mais pourrait plutôt être expliquée par un schéma lamarckien[12].

L'évolution pourrait donc aussi agir de *l'extérieur* du génome[13]. L'existence de piRNA[14] intervenant sur les méthylations impliquées dans les effets épigénétiques complique encore notre compréhension et constitue un

LE NÉOLAMARCKISME

autre indice d'événements lamarckiens. De la même manière, Eugene Koonin[15] considère comme un processus lamarckien le système CIRSPR[16], qui fonctionne, chez les bactéries et les archées, en incorporant des ADN étrangers comme une *mémoire* des expositions passées à des gènes viraux ou à des plasmides. Plus singulièrement encore, la découverte que les inclusions cellulaires comme les mitochondries et les chloroplastes pouvaient découler d'événements uniques d'endosymbioses[17] a d'autant plus revigoré la critique que ces épisodes non darwiniens concernaient bien davantage des éléments cellulaires que des gènes.

Nombre d'autres anomalies non darwiniennes sont plus équivoques. Par exemple, les accidents d'hybridation qui incorporent des séquences génétiques entières dans des lignées théoriquement distinctes se sont révélés bien plus fréquents que ce que l'on présupposait[18]. Outre que ces introgressions troublent l'identification des caractéristiques propres d'une espèce[19], on s'accorde aujourd'hui à penser que ces événements pourraient jouer un rôle important dans la spéciation. De même, le phénomène épigénétique de l'empreinte parentale des mammifères, qui voit les gènes s'exprimer différemment selon qu'ils sont d'origine mâle ou femelle, met bien plus en évidence l'existence de *conflits de génome*[20] que de processus sélectifs darwiniens, révélant la subtilité des régulations de l'expression génétique.

Plus récemment, les thèses de l'autonomie du vivant[21] soulèvent de nouvelles questions sur la définition même de la vie, mettant en cause le traitement réductionniste du vivant. S'il est possible de contester l'intérêt d'une réduction isolationniste du vivant par la biologie moderne qui néglige tellement le fonctionnement en grands ensembles, on ne voit cependant pas bien ce qu'apporte la théorie de l'autonomie sinon un apparent retour d'un certain vitalisme. La dynamique autocatalytique des êtres vivants n'a aucune prise sur leur histoire, elle en est bien davantage sa conséquence. Je crois que dire que le vivant procède de lui-même est à la fois une évidence et une conséquence de sa formation.

Là où Lamarck imaginait une force organisationnelle physique dépendante des circonstances et où Darwin voyait la lutte pour la vie, la théorie moderne s'appuie maintenant sur des données matérielles et vérifiables, les changements génétiques entraînés par les mutations aléatoires. S'il est clair que nombre de mécanismes à l'œuvre peuvent être compris comme « sélectionnistes », le débat est pourtant loin d'être épuisé, et nombre de découvertes ont désormais révélé que l'évolution pouvait montrer des changements *non sélectifs*.

Aussi, en tout état de cause, il n'est pas raisonnable d'exclure de la théorie évolutive ces débats, ces découvertes et ces hypothèses qui s'inscrivent encore dans une nouvelle perspective néolamarckienne[22].

Car s'appuyer sur une seule vérité dogmatique ne dissimule rien d'autre qu'un mirage, et cette illusion n'est pas même nécessaire.

6

Créationnisme et eugénisme

Le créationnisme aussi a connu son renouveau. Il constituait au temps du fixisme une simple pesanteur religieuse qui cherchait à maintenir son emprise morale et autocratique sur les sociétés. Les religions ont, de tout temps, oppressé la science qui leur opposait un système de pensée matérialiste pour rendre compte du réel, le *rationalisme*. Mais le réel n'a pas toujours de prise sur la magie et les croyances si l'éducation n'intervient pas. Or les autorités spirituelles sont bien plus accommodantes que la science pour promettre de radieux avenirs extraterrestres, apaiser l'anxiété des mortels et utiliser la culpabilisation des humains pour contrôler leurs actes et leurs pensées[1]. Ce créationnisme académique dépendait d'une supposée universalité des thématiques morales et religieuses et restait principalement ancré par la présence officielle des ecclésiastiques dans le système éducatif. Ainsi, au cours du XIXe siècle jusqu'au milieu du XXe, les idées créationnistes n'étaient plus exprimées que dans les sociétés où la religion disposait du monopole pédagogique ou dans le cercle de quelques sectes isolées. Le créationnisme diffus, qui persiste alors dans les autres sociétés plus libérales, est plutôt lié au niveau d'éducation populaire, et restreint ses actions offensives autour de quelques cercles conservateurs. Pérenniser la prééminence pédagogique de la religion et de la morale, c'était encore le sens du procès Scopes en 1925[2]. Il est vrai que Huxley a voulu déplacer les oppositions scientifiques dans le champ de la polémique, religion contre science.

L'exigence affirmée d'autonomie des personnes, d'émancipation féminine[3] et d'affranchissement des peuples colonisés qui s'est exprimée après la Seconde Guerre mondiale a semblé, pour un temps, reléguer le créationnisme dans les poubelles de l'histoire. La mouvance n'étant plus relayée par une Église agressive, ces idées se délayaient au milieu du XXe siècle dans une ambiance qui affichait un accès à des mœurs beaucoup plus libertaires. La sexualité semblait pouvoir enfin s'émanciper d'une vision vigoureusement reproductrice et vertueuse.

Le succès de l'évolutionnisme, couplé à la montée d'un puritanisme, a entraîné alors une nouvelle forme de créationnisme, puisant dans ses fondamentaux des raisons de refuser la biologie plus que toute autre science. Inquiet de l'absence de *finalité* du vivant sur laquelle les religions basent tout leur système, ce créationnisme « moderne » refuse l'hypothèse d'une ascendance commune des êtres vivants et réfute le matérialisme de l'évolution biologique. Aussi la création réhabilite-t-elle à la fois des idées issues de la puissance magique infantile, comme la résurrection ou le miracle, et des récits légendaires fondateurs et prescriptifs, comme la Bible, le Talmud ou le Coran. Mais, au-delà de ces espérances réconfortant le sens de la vie, l'objectif des puritains a toujours été de tirer des énoncés normatifs à partir des descriptions biologiques. Et c'est en cela que l'évolutionnisme, ancré sur un matérialisme agnostique, voire athée, leur est insupportable.

C'est donc à ce retour d'un fondamentalisme téléologique et antiscientifique qu'on doit le renouveau du créationnisme qui exploite tous les moyens pour obtenir une emprise sur les esprits. C'est plus précisément le cas aux États-Unis, dans le monde arabe, en Asie, en Europe de l'Est et autour des sectes les plus intransigeantes. Bien que le créationnisme se présente parfois comme une théorie alternative, elle n'a rien de scientifique puisqu'elle nie toute analyse du vivant, ne s'appuyant que sur une « révélation » religieuse : la Création. Mais, au-delà de l'exigence d'une primauté morale et culturelle, ces obscurantistes agissent aussi sur d'autres fronts réactionnaires, prétendant réprimer la liberté des femmes, l'orientation sexuelle des personnes et, plus globalement, l'éthique humaine à partir d'un corpus étroit d'opinions considérées comme indiscutables (parce que tirées de leur propre exégèse d'écrits « sacrés ») et souvent exposées de manière très agressive. Insistant pour exiger, sinon une société théocratique, du moins une vie sociale soumise à des préceptes dévots, leur objectif s'avère bien plus politique que religieux. Les ambitions sacerdotales portées par ces intégrismes prônent un asservissement des corps à une logique « naturelle » réinventée, directement puisée dans les fantasmes conservateurs.

On comprend alors que, bien que ce créationnisme semble se vouer exclusivement à la contestation de l'évolution, il participe d'un ensemble de réactions idéologiques visant aussi bien le secteur médical, telles que le refus religieux de la vaccination ou l'objection à l'avortement, que bien d'autres domaines biologiques ou sociologiques comme les recherches sur la sexualité, l'homosexualité ou encore la « *théorie* » *du genre*. Ce créationnisme moderne ne constitue en fait qu'un des pans de l'intégrisme qui, jouant sur la thématique religieuse, tente, dans un premier temps, de convaincre les croyants d'orienter la vie des sociétés selon des règles étriquées, pour ensuite disposer du pouvoir d'y assujettir la société entière. Bien que lié aux fondamentalistes, ce créationnisme reste cependant d'autant plus banalisé que les autorités ecclésiastiques officielles dénoncent encore aujourd'hui la biologie de l'évolution comme une étude incompatible avec la religion[4].

Pour cet obscurantisme, la famille « naturelle » est une institution sacrée qu'ils conçoivent d'une manière totalement stéréotypée, hétéronormée et patriarcale[5]. Le mariage et la constitution familiale se restreignent pour ces intégristes à un objectif reproducteur, récusant toute homosexualité, toute homoparentalité et combattant toute émancipation féminine au nom de la supériorité de l'homme. Les arguments affichés pour diffuser ces thèses rétrogrades paraissent toujours démontrés par des raisons « naturelles » évidentes qui n'admettent aucune discussion. Ici, des descriptions « biologiques » approximatives sont utilisées comme justificatives de la rigueur des règles souhaitées. Cette prétendue naturalité permet également d'assigner des rôles stéréotypés aux êtres vivants. Aussi, ces intégristes n'envisagent pas une autre biologie que celle qui concourrait à légitimer ces normes et récusent nécessairement les notions évolutives et les recherches sur la sexualité qui acceptent l'autonomie du processus sexuel par rapport à la reproduction.

Il en va un peu autrement de l'*intelligent design*, bien qu'à l'origine l'objet de cette invention consistât à édicter la soumission des sociétés à une politique rétrograde. Généralement considérée comme un avatar du créationnisme, dissimulé sous une apparence de scientificité, la théorie du dessein intelligent ou *intelligent design* est née dans un cercle ultraconservateur américain[6]. Elle prétend expliquer la nature par l'existence d'une cause *intelligente* d'origine divine plutôt que par des processus matérialistes. De ce point de vue, le dessein intelligent ne constitue qu'une des résurgences du créationnisme directement inspirée par les enseignements de l'obscur révérend William Paley[7] que Darwin contestait déjà. La supposition centrale est que la complexité des êtres vivants, ne pouvant dépendre du seul hasard, requiert une intervention créatrice. C'est le pseudo-argument de la *complexité irréductible*[8] qui mélange image mécaniste et finalité. La première partie de la proposition étant fausse, le raisonnement dévoile facilement ce qu'il contient de fallacieux.

Mais l'idée du dessein intelligent est loin de se réduire à un cercle de nostalgiques conservateurs. Reposant sur une longue tradition religieuse qui remonte à Thomas d'Aquin, la conjecture répond parfaitement à la préoccupation des biologistes « croyants » de réconcilier une science résolument matérialiste avec leur propre sentiment religieux. En rejetant la portée de la religion à une genèse conceptrice, le postulat simplifie le dilemme infernal qui consiste à tester des hypothèses rationnelles tout en approuvant l'existence d'un créateur. Les explications matérielles immédiates pourraient ainsi rester ancrées dans une « biologie » apparemment scientifique, grâce à l'artifice de repousser le mythe divin seulement dans l'intention supposée de l'origine du vivant. Du coup, cette intention surnaturelle guiderait aussi l'organisation du vivant vers une complexité mythique achevée, une hiérarchie naturelle et normative, l'évolution pouvant être alors contemplée comme réalisant le plan fabuleux d'une perfection infinie.

Seulement, une telle manière de concevoir la biologie, si elle autorise le chercheur à travailler sans états d'âme prétendant juste placer sa croyance le plus loin possible de son objet d'étude, n'a rien de scientifique. En effet, ce souci de préserver une naissance créatrice des êtres vivants réduit évidemment le biologique à un vitalisme invisible qui nie l'émergence du vivant à partir de structures inanimées, s'interdisant par avance de comprendre sa nature. En quelque sorte, l'erreur finaliste est reportée en avant. En outre, cette conjecture requiert l'existence d'une téléologie parcourant l'évolution et s'empêche d'en saisir l'histoire matérielle. Enfin, le partisan d'une religion approuve le fait d'assujettir sa réflexion à des croyances, déniant ainsi l'usage de sa propre raison.

Puisque ce créationnisme ne constitue qu'un révisionnisme au milieu d'un ensemble de thèses intégristes et réactionnaires, il peut parfaitement prendre des *aspects laïcs*. Le créationnisme non religieux est l'apanage de mouvements sectaires, dont les plus connus sont la scientologie et les raéliens, qui l'un et l'autre font largement appel à un discours biologisant pour habiliter leur propos. Ce détournement de la logique scientifique utilise principalement la théorie de l'information génétique et avalise son usage par la confusion rhétorique qui persiste autour des termes « patrimoine » génétique et « ancêtre unique ». Le fait que le rôle de la sexualité résiste encore à la théorie néodarwiniste[9], parmi quelques autres épreuves évolutives non éclaircies de manière satisfaisante par la sélection naturelle, constitue aussi un moyen pour eux de révéler l'ampleur supposée de la méconnaissance scientifique. Ce sont alors les difficultés explicatives de la science qui servent à invalider le discours biologique et, par contrecoup, à entériner leurs propos sectaires.

Rassurer les autorités religieuses sur le fait que l'histoire évolutive serait compatible avec la religion ne pourra donc jamais pacifier ces intégrismes, à moins de nier le caractère matérialiste des conceptions évolutives et de réduire l'évolution à une histoire sans importance pour l'humanité. D'autant que nombre de forums chrétiens, juifs ou islamiques, apparemment « modérés », n'hésitent pas non plus à nier tout principe d'évolution.

Le problème vient surtout du fait que la « biologie » dont ils tirent leur caution n'existe pas. Les stratégies de lutte contre les obscurantismes ne peuvent donc simplement engager des objections scientifiques de la logique de leur seul discours révisionniste. Il y a lieu de considérer l'intégrisme dans sa totalité sociale, en tant qu'*idéologie de la confusion*, au même titre que le furent le fascisme, le racisme ou le sexisme en tant que *diffamation* des personnes. Le créationnisme ne constitue qu'un révisionnisme biologique au sein d'une puissante idéologie politique réactionnaire qui exige la fondation d'une société contrainte par des règles normatives rétrécies, soumettant les mœurs de chacun à une police tyrannique.

Une grande part de l'argumentation des créationnistes les plus agressifs a pu s'emparer de certains écrits de Darwin qu'on peut qualifier d'ambigus. Si le gradualisme de Darwin associé à l'hypothèse des « chaînons manquants » continue de faire recette, les créationnistes ont surtout jeté leur dévolu sur la thématique sélective. Aussi des philologues ont travaillé à une interprétation des écrits de Darwin pour montrer que la plupart de ses phrases problématiques étaient associées à d'autres sentences les atténuant. Cela reste insuffisant pour démentir l'eugénisme du darwinisme, « maladresse » qu'on attribue alors aux premiers darwinistes incapables de saisir toutes les « subtilités » de la théorie. Même Patrick Tort[10], pourtant prompt à l'exégèse la plus élogieuse du darwinisme, reconnaît combien la biologie de l'époque restait pénétrée par ce discours idéologique. À prêter une attention sociale et politique aux deux livres fondateurs, *De l'origine des espèces,* paru en 1859, et *La Descendance de l'homme,* publié en 1871, l'écriture paraît en tout cas parfaitement inscrite dans l'emprise de l'époque victorienne. Que Darwin eût quelques sympathies plus ou moins affirmées pour l'eugénisme[11], le sexisme et le racisme[12] n'est guère contestable. Il n'est évidemment pas question d'affirmer que Darwin soit à *l'origine* du racisme ou de l'eugénisme, ni que le darwinisme ait pu inspirer ces horreurs qui existaient bien avant lui. Toutefois, on ne peut nier que le darwinisme ait connu ce que, pudiquement, on nomme généralement ses *dérives extrémistes, eugénistes, sexistes et racistes* ou darwinisme social, dont on ne peut l'affranchir d'un seul trait de plume.

L'esclavagisme n'était pas un racisme, et des razzias furent entreprises par les Arabes jusqu'en Islande, ce qui ne justifie en rien cette affreuse exploitation des humains. Une prétendue clémence envers des ennemis, qualifiés de lâches et de faibles, disculpait cette abjecte méthode. Le racisme s'est ensuite mis en place vers le XVIIe siècle, légitimant le commerce triangulaire en présupposant une infériorité essentielle de ceux qu'on voulait asservir. L'eugénisme s'est implanté plus tardivement, à la fin du XIXe siècle. Ce qui est grave et doit être dénoncé, c'est qu'il a trouvé une *justification scientifique* dans le darwinisme. Sortant de l'impasse naïve de Darwin qui hésitait entre sélection et transmission des caractères acquis, Haeckel, Weismann et Huxley ont inventé un darwinisme sélectif et, à la suite de Francis Galton, ils ont contribué à la montée de l'eugénisme, contre les « inutiles et classes inférieures[13] ». Par exemple, dès 1862 dans sa première traduction, Clémence Royer retient le darwinisme comme l'un des fondements évidents de l'eugénisme moderne qu'elle appelle de ses vœux. Bien que nombre de biologistes admirent la philosophie eugéniste, il y eut heureusement des esprits et des chercheurs refusant cette emprise.

Sous l'impulsion des sociétés eugénistes, une politique eugéniste fut néanmoins mise en place dans de nombreux pays entre les années 1880 et 1970. Cet eugénisme dérivait de la logique du déterminisme héréditaire des physionomies et des comportements. Son influence fut considérable aux États-Unis où, dans les années 1930, au moins 21 000 stérilisations[14] de handicapés, d'homosexuels, de criminels, d'Amérindiens, d'Afro-Américains ou de pauvres furent opérées pour réduire « les idiots, les infirmes et autres membres inutiles de la société ». On connaît en fait très mal l'ampleur du phénomène, qui fut ensuite relayé par une politique ségrégationniste, abolie seulement en 1954, bien que les lois eugénistes soient restées en vigueur jusqu'en 1972[15]. En Europe, l'Allemagne nazie élabora un eugénisme à un rythme quasi industriel, stérilisant des centaines de personnes avant d'organiser l'horreur concentrationnaire. La France fut un pays à part. L'importance des thèses évolutionnistes néolamarckiennes[16] contestant le darwinisme[17] a considérablement contenu l'expression de l'eugénisme jusqu'à la montée de Pétain et même pendant l'Occupation, suggérant *a contrario* combien l'eugénisme était bien lié au darwinisme.

Aujourd'hui, l'avortement sélectif, réduisant la naissance des petites filles, subsiste en Asie et la possibilité de séquencer le génome humain a permis que se développe de manière très officielle une politique eugéniste en Chine, portant sur les « surdoués ». D'autres pays admettent aussi des recherches de ce type « à titre médical » et l'eugénisme persiste encore d'une manière voilée ainsi que le divulguent les prétendues découvertes sur les « gènes du criminel[18] » ou sur le « syndrome 47[19] » par exemple. L'Afrique du Sud et l'Australie semblent avoir abandonné toute politique eugéniste entre 1999 et 2005.

Il ne s'agit évidemment pas ici de dire que Darwin participa à une politique raciste, sexiste ou eugéniste, ni d'accuser tous les biologistes d'avoir accompagné les bourreaux. Néanmoins, l'eugénisme a puisé une grande part de son inspiration et nombre de ses justifications théoriques dans le darwinisme le plus sommaire, comme le montre la correspondance de Galton. André Pichot précise même que « c'est ce succès du darwinisme social qui a permis celui du darwinisme biologique[20] ». Nous devons donc admettre le potentiel eugéniste du darwinisme. En se référant explicitement à Malthus et à Spencer, Darwin a montré combien il connaissait les thèses sociales de son temps. D'ailleurs, il prolongea la logique sélective dans son travail sur les civilisations, « sociétés civilisées et sociétés inférieures[21] », sans être embarrassé le moins du monde par la téléologie de sa conception[22].

Il n'y a cependant, dans l'histoire évolutive, ni fin ni but ; aucune téléologie ne devrait y être admise. Un certain anthropocentrisme et l'ethnocentrisme de Darwin sont aussi parfaitement lisibles dans certains textes, bien que la profusion des louanges sur le personnage tente bien souvent de désolidariser Darwin de ce que l'on appelle le « darwinisme social » ou même de la sociobiologie. Huxley fut, après Galton et avant Leonard Darwin, président de la British Eugenics Society et il semble invraisemblable de prétendre cacher le racisme, le colonialisme, le sexisme et l'eugénisme de nombre des premiers darwinistes.

Ces divagations se prolongent bien tard, puisqu'en 1978, encore, Francis Crick assure qu'« aucun enfant nouveau-né ne devrait être reconnu humain avant d'avoir passé certains tests génétiques et s'il échoue à ces tests, il perd son droit à la vie[23] ».

Ce qui fut probablement le plus outrageant dans l'affaire Dreyfus ne réside pas seulement dans l'accusation portée contre le capitaine. La crispation criminelle des militaires, pour récuser les falsifications, résultait d'une ambition saugrenue : surtout *ne pas jeter l'opprobre sur l'honneur de l'armée*. Du coup, les pires diffamations et mystifications furent validées plutôt que de reconnaître qu'on s'était fourvoyé. Le lecteur indécis pourrait penser qu'un tel exemple exagère le coût des erreurs de jugement et des impostures en biologie. Toutefois, la question autour de l'innocence de Dreyfus ne fut pas mortelle[24] et son déroulement possède une grande vertu pédagogique. Reconnaître des erreurs honore.

Puisque les sciences sont vouées à la découverte des lois de la nature, on doit nécessairement considérer que cette recherche d'universalité doit s'émanciper de toute idéologie. Or les sciences de la nature heurtent directement les idéologies. Copernic avec l'héliocentrisme, Giordano Bruno avec l'univers infini et, bien sûr, Galilée, ont affronté les tyrannies de leur temps. Cependant l'aptitude à s'indigner reste encore bien parcimonieuse et nombre de prétendus chercheurs ont souvent abandonné toute modestie au profit d'un soutien inconditionnel aux puissants. Il faut insister sur l'exigence scientifique de résister à tous les totalitarismes.

Le doute, l'esprit critique, la rigueur des démonstrations sont pourtant ce qui qualifie la science, et disqualifie les zélateurs du pouvoir.

7

Une nécessaire critique

Il faut reconnaître que la biologie et la théorie évolutive se montrent aussi parfois très tolérantes avec des idées fantaisistes, sinon contradictoires avec le néodarwinisme, comme une « tendance vers l'amélioration » des comportements ou des procédures organiques, ou encore une « finalité » de certaines morphologies évolutives. Or l'erreur finaliste provient le plus généralement de la confusion qui lie les mécanismes ontogénétiques aux processus phylogénétiques et dont nombre de biologistes ne parviennent pas à se débarrasser. En dépit de la révolution de la biologie contre l'anthropocentrisme, on note aussi une incroyable tolérance envers les religions et des jugements de valeur sur la « supériorité » supposée de certains organismes, alors qualifiés de plus proches de l'homme, montrant combien l'humain demeure confusément le centre d'une mesure.

À ces aberrations se sont ajoutés des travaux vantant la dissemblance entre les cerveaux de l'homme et de la femme [1]. Il faut se souvenir que reflétant étroitement les idées les plus conservatrices de son époque, la biologie fut aussi largement misogyne et phallocratique durant une longue période. Darwin lui-même ne fut jamais tendre sur ce sujet même si cette citation tronquée n'en donne qu'un aperçu partial ; « pour rendre les femmes égales à l'homme, il faudrait qu'elles fussent dressées [2] », énonce-t-il ainsi. Cet état de fait rétrograde fut d'autant plus facilité que les femmes n'eurent accès à l'éducation et à l'université que fort tard dans de nombreux pays [3]. L'influence des idéologies pèse sur la recherche aussi bien dans sa structure que dans son projet. Ainsi, alors que les femmes représentent un contingent important à l'université, la plupart des postes à responsabilité restent détenus par des hommes dans les laboratoires et les instances directrices, révélant la pesanteur sexiste qui persiste en sciences, sans que ce gaspillage d'intelligence ne soulève encore une injonction d'équité dans les ressources humaines.

Il fallut d'ailleurs attendre l'émergence de chercheuses féministes pour enfin réduire le sexisme de nombre de thèses biologiques. Comme le remarque Patricia Gowaty [4], toute la théorie de la sélection sexuelle en fut largement bouleversée. L'évolution retrouva alors le rôle du sexe féminin jusque-là confiné à une « passivité discriminante ». La théorie s'enrichit des conceptions nouvelles du choix sexuel qui donnait à la femelle une fonction primordiale dans le jeu évolutif. Des centaines de modifications théoriques s'additionnèrent toutefois, engendrant une grande confusion dans la compréhension des mécanismes évolutifs autour de la sexualité[5].

Ce qui a fait l'intérêt de cette redécouverte de la sélection sexuelle tient probablement dans l'importance du facteur observé. Alors que la sélection naturelle impliquait la complexité d'interactions environnementales pour dégager une signification évolutive extérieure, la sélection sexuelle insistait sur les *choix reproducteurs*. Les stratégies de la préférence sexuelle pouvaient facilement concourir à la théorie générale de la *fitness* en montrant combien l'évolution découlait de ces changements induits de la fréquence des allèles. Mais voilà que le processus donnait maintenant de l'importance au choix des individus eux-mêmes. Peu importe qu'elles aient été délibérées ou bien plus sûrement involontaires, l'évolution devait inclure des décisions individuelles dans le déterminisme biologique. Il ne s'agit évidemment pas d'une conception de la liberté récusant les contraintes du vivant, ou de la liberté d'indétermination[6], mais bien d'une liberté de choix, au sens de Kierkegaard et surtout de Sartre[7]. Que les individus développent des *intentions*, au demeurant irréfléchies, ne donne pas davantage de plan ou de direction à une histoire évolutive aveugle, mais en change la nature.

Ce retour de la liberté de choisir inférait une souplesse nouvelle en biologie évolutive qui remit sur le devant de la scène la biologie naturaliste des éthologues et des écologues, un peu oubliée avec les progrès des méthodes moléculaires. La formation d'espèces nouvelles pouvait être induite par le fait que des partenaires potentiels ne se rencontrent plus, entraînant des modifications des signaux précopulatoires. Au contraire, des événements d'hybridation pouvaient engendrer des appariements chromosomiques inattendus entre deux espèces. La réitération de choix pour des phénotypes rares et bien d'autres modèles alternatifs, qui ne coïncident plus avec l'orthodoxie darwinienne, se sont peu à peu révélés probants et l'efficience des accouplements préférentiels a démontré l'aptitude à faire émerger des espèces nouvelles[8] en provoquant les ruptures de flux génétiques par la seule force de l'attrait ou du refus. Une autre thèse « lamarckienne » se mit à poindre discrètement : celle du rôle de la « volonté » des individus dans l'engagement d'une partie de leur évolution.

La conception supposée de la volonté avait été l'une des considérations de Darwin contre le lamarckisme[9], comme le naturaliste anglais le souligne dans un courrier à Lyell : « La doctrine de la volonté de Lamarck est absurde et non applicable aux plantes. » Or voilà que par le biais des stratégies de préférence sexuelle, le rôle d'une sorte de décision irréfléchie émergeait dans le discours évolutif. En outre, les différentes stratégies d'histoire de vie aventurent ainsi une variabilité nouvelle dans l'évolution biologique en admettant des choix au sein de plusieurs alternatives[10]. Même à un niveau purement cellulaire, la spécialisation des cellules souches hématopoïétiques ne s'engage pas d'une façon aléatoire. Il semble au contraire que, loin d'être insensible, la différenciation dérive de *procédures alternatives* sous l'influence de signaux venus de l'environnement[11].

Si l'importance du milieu ne peut être négligée, les fondateurs de l'écologie scientifique, comme Gaston Bonnier, Eugenius Warming ou Karl A. Moebius, ont pourtant délaissé le darwinisme car Darwin se référait à un environnement *essentiellement* passif. Au contraire, pour Eugenius Warming[12], les interactions et les mutualismes révèlent une *dynamique* indispensable à la formation des biocénoses. Plus même, pour Piotr Kropotkine[13], contestant la concurrence darwinienne, l'entraide et l'association constituent des mécanismes de l'évolution. La modernité de ces conceptions originales est frappante.

La science est obligatoirement une activité polémique. Aussi, bien des controverses parcourent encore la biologie évolutive sans jamais remettre en question l'idée d'évolution, mais bien plutôt en la dynamisant.

Les premiers débats ont très vite porté sur ce qu'était une espèce. Haldane[14], à la suite de Lamarck[15], voyait ce concept d'espèce comme une concession à une catégorie arbitraire et repoussait sa réalité naturelle, tandis que Mayr[16] assurait fonder la notion de l'espèce sur l'évidence d'une existence écologique et naturelle. Il y a aussi eu la cladistique de Willi Hennig[17] qui introduisit un bouleversement des critères évolutifs en fondant la classification taxonomique sur l'apparition de caractères nouveaux, les apomorphies, et non plus sur les ressemblances morphologiques plésiomorphes, embrouillées par les convergences adaptatives. Eldregde et Gould ont ensuite porté l'estocade sur le problème du rythme graduel nécessaire à la théorie de l'évolution[18] en proposant le modèle des équilibres ponctués[19]. En effet, la solution évolutive pour qu'un changement n'affecte pas immédiatement la survie de celui qui le porte avait été trouvée dans l'hypothèse d'une sorte de débordement d'un seuil après l'accumulation graduelle des mutations. Or Goldschmidt, Grassé et Gould ont montré que des variations brusques pouvaient aussi intervenir soudainement après de longues stases. Toutefois, contrairement à ce que soutient Gould[20], il ne s'agit pas d'un retour heureux au catastrophisme de Cuvier. Cuvier ambitionnait de démontrer comment les épisodes catastrophiques niaient toute évolution, au nom du fait que les survivants dévoilaient alors une perfection de leur adaptation, reliant ainsi son argument à celui de l'irréductible complexité de Thomas d'Aquin. Le modèle des équilibres ponctués tente bien davantage d'introduire la notion d'extinction massive, dont plus personne ne réfute la réalité, dans la dynamique évolutive alors que le néodarwinisme l'en avait délogé à cause de sa vision graduelle des changements, nécessaire à la génétique.

Le problème reste que la sélection darwinienne, si elle rend compte de l'adaptation, explique mal, on l'a vu, comment émerge la *divergence* évolutive des espèces nouvelles. La spéciation ne peut découler *simplement* d'erreurs génétiques, même réitérées. Or l'évolution est d'abord une élaboration de cette différence. Les individus peuvent très bien se révéler de « bons concurrents sélectifs » et se reproduire, mais cela n'accorde pas automatiquement à l'espèce une plus grande aptitude à se différencier, insiste Gould[21], qui suggère une sélection au niveau de l'espèce plus que du gène ou de l'individu. En effet, la fréquence et l'ampleur des variations sont des caractéristiques de l'espèce et non pas des individus. C'est pourquoi Gould appelle au développement d'une version postmoderne de la synthèse néodarwiniste qui, dit-il, s'est progressivement sclérosée dans un cadre trop dogmatique. Cette nouvelle version inclurait des pans aujourd'hui négligés des découvertes évolutives et s'appuierait sur l'hypothèse d'une sélection hiérarchique à plusieurs niveaux, de l'individu à l'écosystème. Au contraire du modèle de Dawkins qui considère le gène comme la seule cible sélective, Gould réplique que les gènes n'ont pas d'interactions directes avec leur environnement, ils dépendent des individus qui sont seuls à « lutter pour l'existence ».

Aujourd'hui, d'autres discussions interrogent la théorie sur plusieurs aspects clés : par exemple, quelle est l'importance du hasard dans le processus évolutif (dérive, neutralité) ? Quelle est la nature de la cible de la sélection, est-ce le gène, la cellule, l'organe, l'individu, la population (sélection de groupe) ? Quelle est l'importance de la sélection, des transferts horizontaux de gènes ? Quelle est la valeur de la concurrence ? De la référence à l'égoïsme ? Faut-il faire une place aux théories dites de l'auto-organisation dont l'ambiguïté théorique persiste ? Le rythme de mutation des gènes étant différent de celui des populations, y a-t-il une évolution des gènes distincte de l'évolution des êtres vivants ? Comment doit-on reconnaître le rôle des manifestations épigénétiques ? À cela s'ajoute que la meilleure connaissance des premières étapes de la formation du vivant semble ne laisser qu'une place moindre aux processus sélectifs darwiniens lors des phases archaïques, mais de longue durée, de l'émergence de la vie et de la formation des premières cellules, des archées et des bactéries. « L'édifice de la synthèse moderne s'est effondré », conclut Koonin.

Il faut toutefois reconnaître que nombre de nouveaux modèles descriptifs ne fournissent qu'une vague explication sur les mécanismes qui seraient engagés. Entre autres, le modèle dit de « la Reine rouge », habilement proposé en 1973[22] pour livrer un décor descriptif à l'hypothèse des interactions coévolutives et du mutualisme, ne paraît pouvoir s'appuyer sur aucun mécanisme génétique sous-jacent, bien qu'il décrive parfaitement une réalité biologique. L'hypothèse repose en effet sur une conception de l'évolution produisant des interrelations très symétriques alors que la théorie moderne ne peut concevoir les rapports de force dans la nature que d'une manière absolument asymétrique, notamment si l'on suit le thème du « gène égoïste ».

La théorie dite des « équilibres ponctués » ne procure pas davantage d'éclaircissements, puisque cette hypothèse descriptive, aujourd'hui assimilée dans la *théorie moderne* qui s'affirme darwinienne, n'a donné aucune information fiable sur le processus biologique qui la sous-tendait. Seule la découverte des gènes homéotiques autorise un début de compréhension éventuelle. Néanmoins, ces modèles apportent un encadrement explicatif à des phénomènes réels, bien que l'un et l'autre remettent clairement en cause le néodarwinisme, sur le rôle décisif de la concurrence pour l'un et sur le gradualisme pour l'autre. Il faut se souvenir combien la critique du gradualisme pose de problèmes au principe de la mutation génétique et donc de la sélection naturelle. Bien qu'elles soient souvent regardées comme intégrées à la théorie moderne, il semble clairement que de telles théories ne peuvent aisément se comprendre au sein du cadre étroit du néodarwinisme parce qu'elles produisent un éclairage bien différent de ce qui est attendu.

La sélection naturelle est restée le mode privilégié d'analyse du vivant parce que, longtemps perçue comme un vaste processus de perfectionnement organique, les biologistes pouvaient y inscrire leurs travaux. Chaque fois qu'un organe ou une fonction était décrit, on lui attribuait sans conteste le qualificatif d'*adapté* puisqu'il était forcément l'aboutissement de la sélection darwinienne comme une machine aurait été retouchée au fur et à mesure de son usage. Il était logique d'imaginer que ces caractères provenaient d'une optimalisation[23] organique sélectionnée parmi un choix d'alternatives mineures. Ainsi se sont élaborés aussi bien la conception du système immunitaire ou des circuits trophiques que l'ajustement extraordinaire du bec des oiseaux. L'analogie avec les transmissions culturelles offrait également cette même sensibilité d'une complexité en route vers une amélioration, relayée en cela par les théories des systèmes ou de l'auto-organisation[24].

Cependant, de quelque côté que l'on cherche, il ne semble pas vraiment que le vivant s'apparente à une amélioration technique. La pseudo-hiérarchie construit des arbres phylétiques plutôt factices. La complexité apparente des êtres vivants ne constitue pas un principe de l'évolution, mais une *conséquence* provisoire des ajustements bricolés. L'analogie culturelle aussi est fallacieuse, car nos systèmes artificiels sont mis en œuvre *pour* atteindre un but singulier et le principe d'un perfectionnement guide les différents astuces et stratagèmes de leur exécution. Le caractère prétendument auto-organisationnel d'un être vivant se heurte au fait que c'est d'abord une cause finale, même imprécise, qui en déterminerait le sens. En outre, la nature structurale de l'auto-organisation ou sa dynamique autocatalytique n'a aucune prise sur la dimension *historique* de l'évolution, puisqu'elle dépend strictement de sa propre disposition. Au contraire, le vivant multiplie les anomalies et les approximations. Tout se passe comme si, plutôt que de retenir le processus le plus optimal, l'évolution ajoutait des bricolages qui ne tiennent l'ensemble que par hasard[25]. C'est en cela que l'évolution se révèle en tant qu'histoire évolutive. La contingence[26] inscrit partout sa réalité et le changement évolutif n'est façonné dans aucune direction. Il ne répond qu'à des obligations immédiates, des contraintes intrinsèques selon le seul *principe d'une moindre résistance*. Il n'y a pas, il n'y aura jamais de corps parfaits. L'essence de la chair demeure l'imperfection absolue.

La critique de l'hypothèse de finalisme devrait aussi réveiller les limites de l'analogie du vivant avec la machine. Cette métaphore de la machine construite avec l'avènement de la pensée rationnelle du cartésianisme a heureusement permis de réduire le vitalisme qui trônait en sciences[27]. En concevant que le fonctionnement du vivant dérivait simplement de son organisation, l'hypothèse mécaniste a fourni un paradigme d'analyse heuristique dont le réductionnisme a tiré parti en spécifiant de mieux en mieux chacun des mécanismes impliqués dans la biologie des organismes[28]. Mais la construction de la machine artificielle s'effectue sous la *dépendance* d'une fonction recherchée. La machine est échafaudée *pour* servir à quelque chose, on part du but attendu pour la produire. C'est ce qui en dégage l'optimisation mécanique.

Il n'en est évidemment rien avec le vivant. Dans la nature, la fonction dérive du changement. La « machinerie » biologique ne poursuit clairement aucun dessein d'amélioration de ses procédures, car sa fonction découle seulement de la structuration obtenue sous l'effet de changements aveugles. La nouveauté n'est retenue que si elle présente accidentellement une certaine efficience. Certes, la sélection naturelle est supposée en tester le rendement, mais je pense que les modifications organiques s'établissent bien plutôt à travers des glissements progressifs qui peuvent même, en changeant l'agencement biophysiologique, en modifier la fonctionnalité, toujours selon un principe de moindre résistance.

C'est précisément cette idée qui est aussi venue perturber le concept d'adaptation. En effet, la plupart des analyses des adaptations révèlent que la fonction actuellement remplie ne correspond pas à l'usage initial de l'organe[29]. La transformation organique répond bien davantage à une *exaptation* évolutive, c'est-à-dire qu'une fonction *nouvelle* dérive de la modification d'un organe sans retenir ce qui en faisait l'usage précédent. L'organe n'apparaît pas *pour* ce qu'il va permettre, mais sa fonction va *dériver* de son nouvel arrangement et cette notion de détournement organique est tellement contre-intuitive que cela semble compliquer la manière de concevoir l'évolution. Le principe de détournement est cependant simple. Ainsi, la patte s'avère une exaptation car elle n'est pas apparue *pour* marcher, c'est plutôt le fait que des organismes aquatiques aient été *pourvus* de pattes qui, ensuite, leur ont donné la possibilité de s'affranchir de l'eau. Si l'exaptation n'interdit pas une pensée finaliste, elle restreint cependant l'action *fonctionnaliste* de la sélection naturelle à des accidents naturels. Pourtant, pour beaucoup de biologistes, la sélection est comprise *en cela* qu'elle favorise une *meilleure* efficacité de la fonction. L'exaptation vient donc à point pour ôter cette erreur sémantique largement partagée.

L'hérédité a d'abord été pensée à la manière de l'héritage et le génome conçu comme le logiciel d'un ordinateur. Dans la première synthèse de 1961, Mayr imagine le gène[30] comme un *programme* : « Le code ADN [...] qui contrôle le développement du système nerveux central et périphérique, des organes des sens, des hormones, de la physiologie et de la morphologie de l'organisme, est le programme de l'ordinateur comportemental de l'individu. » En même temps, Marshall Nirenberg et Heinrich Matthaei[31] déchiffrent ce que l'on dénomme maintenant le *code génétique*. En réassociant les bases qui le composent, le gène se réplique et se laisse déchiffrer. Le gène *déterminerait* le caractère adaptatif, c'est-à-dire que la valeur d'un gène réside dans son aptitude d'invasion de la population d'origine. On reconnaît alors que la reproduction constitue la force fondamentale de l'évolution.

L'image de la machine biologique cybernétique avait ouvert la possibilité de placer sous contrôle ses processus d'information. Bien qu'il ne se comporte pas comme un élément isolé, le gène a ainsi été perçu comme semblable à une information binaire informatique servant à la production de protéines. Pourtant, les problèmes sur le rôle du gène sont vite apparus.

En fait, nous sommes loin d'un gène déterminant un caractère et, même codant pour des protéines, la polysémie génétique dépasse toujours l'entendement. L'hypothèse d'un « programme génétique » ne tient pas davantage. Le code n'existe que parce qu'il est traduit[32]. Plus on en traque le sens, plus le gène se dérobe. Par exemple, la quantité d'ADN varie selon le développement dans les graines de tournesol. De nombreux gènes sont corrélés entre eux et ne s'expriment qu'ensemble marquant des *épistasies*. Un seul gène peut être impliqué dans l'expression de plusieurs protéines et la sécrétion d'un enzyme comme l'*endomannanase* peut varier d'un facteur 1 000 chez des plantes génétiquement semblables. Avec la *plasticité phénotypique*, les caractères des plantes ou des animaux varient selon l'endroit et l'environnement qu'ils occupent.

En outre, les chromosomes comportent des séquences d'ADN réputées inutiles, souvent répétées en de nombreuses copies. Les éléments transposables constituent la classe majoritaire de ces répétitions (plus de 90 % chez l'homme), avec principalement les SINE (*short interspaced elements*) dont la capacité à créer de nouvelles unités de transcription a pu exercer une grande influence sur l'évolution des génomes[33].

L'ADN pourrait même être réécrit *de l'intérieur* de la cellule, sans doute par un agencement subtil avec les ARN[34]. On a vu que ce néolamarckisme connaissait un modeste renouveau en contredisant le dogme fondamental. Mais même Henri Atlan considère qu'il est temps d'en finir avec le tout-génétique et propose une *théorie de causalité descendante*[35], insistant sur l'influence de l'organisme sur son propre génome. C'est plutôt la métaphore de la « musique de la vie » qui est retenue par Denis Noble[36] pour répondre à la vision réductionniste du gène égoïste de Hamilton et de Dawkins. Ici le génome constituerait une partition musicale qui produirait une symphonie dont les gènes expriment les mesures et les notes. Le déterminisme du gène a été aussi réévalué par Jean-Jacques Kupiec et Pierre Sonigo[37]. Un gène est impliqué dans un processus probabiliste, mais il *ne détermine pas* un caractère.

Glissant la métaphore dans une apparente simplicité culinaire, j'ai proposé une interprétation matérialiste du rôle de l'ADN en tant que simple *livre de cuisine*[38], voire de haute gastronomie. La théorie de l'information génétique affirme que le génome édifie le vivant. Mais on peut concevoir que le gène n'est pas un producteur. Une recette de cuisine n'a jamais réalisé un gâteau. Or le génome est tout comme un livre de recettes, il apporte des renseignements essentiels et sans doute même des astuces empiriquement obtenues par l'expérience, mais c'est la « machinerie » cellulaire, le système biologique qui font la lecture et la traduisent en chairs. Tous les gènes ne sont pas activés au même moment. Tout se passe à la manière des anciennes cartes perforées utilisées pour automatiser les métiers à tisser ou les orgues de barbarie. Mais, ici, la lecture des cartes perforées n'indique que sommairement la « farine » que la cellule utilise, qu'elle soit de seigle ou de froment selon l'allèle considéré, mais sans clairement exiger ni sa quantité, ni sa qualité précise, autorisant des dérapages dans le résultat de la recette finale. On sait que le niveau de transcription des éléments varie selon les tissus.

Un exemple simple peut rendre compte de l'intérêt de mon modèle. Quand les récepteurs bêta des îlots de Langerhans du pancréas décèlent le début d'une hyperglycémie, une rétroaction s'engage qui demande la sécrétion d'insuline hypoglycémiante. C'est ici que la lecture du livre de recettes se met mécaniquement en route, de ribosomes en noyaux cellulaires, produisant assez d'insuline pour réduire la glycémie, la stocker en acides gras et bloquer la production de glucose par le foie. Non seulement la recette peut être réussie ou ratée, selon la façon de la cuisine du gène dans l'écologie du corps, mais la métaphore laisse parfaitement entendre que le gène ne dirige rien de son expression. Il en délivre la recette comme une carte perforée à la machinerie cellulaire. Aucune obligation de concevoir le génome comme un élément égoïste, ethnique ou directeur n'apparaît.

L'invasion des techniques biométriques et les tests d'affiliation génétiques relèvent pourtant encore d'une catégorisation irréelle des êtres vivants qui fait toujours la fortune de vendeurs de labels d'origine ethnique[39]. La vigilance scientifique impose aujourd'hui de s'interroger aussi sur l'usage policier qui est fait des fichages ADN, quand on en sait encore si peu sur les fondements criminels ou les motivations de la délinquance sexuelle, sans parler des risques de dérives que cette caractérisation à des fins répressives autorise.

8

Évolution et libre-échange

D'autres concepts sont venus renforcer la discipline évolutive. Il en est ainsi de vocables directement issus de l'activité économique, comme *coûts* et *bénéfices*, qui pouvaient rendre compte de la difficile représentation de la dynamique sélective. L'aptitude à puiser des éléments de réflexion à partir des domaines de la vie économique de son temps ne peut pas être considérée comme une scandaleuse infidélité à l'esprit scientifique. Le raisonnement s'appuie couramment sur des associations ou des parallélismes et chaque modèle de pensée peut parfaitement venir en enrichir un autre. L'exception résiderait plutôt dans l'art de s'affranchir des idées dominantes de son époque qui compriment le sens de ces termes. Il apparaît par conséquent plus scientifique d'interroger l'emprise d'une société sur l'élaboration d'une pensée plutôt que de la nier. Qu'aurait été le système métrique sans les ambitions d'égalité de la Révolution française ?

Bien avant le XVIe siècle, la classification de la biodiversité n'avait pas échappé aux enjeux idéologiques et marchands associés aux monarchies dominantes[1]. La production de la soie ou la crise de la tulipe[2] ont, par exemple, fortement influencé les marchés. Aujourd'hui, les firmes agroalimentaires sont toujours aussi attentives aux inventaires et aux progrès de l'élevage pour emporter le fruit rare qui pourra se commercialiser ou pour rationaliser l'obtention des oléagineux et des protéines alimentaires à moindre coût. La biodiversité connaît aussi un trafic illégal très rentable. L'une des grandes forces du capitalisme est d'avoir surévalué le sentiment du particularisme des personnes face à la collectivité, tout en attisant les concurrences. Chacun peut prendre apparemment sa petite part personnelle dans le pillage généralisé des « ressources » ou dans la « fabrication de richesses ».

En argumentant que l'évolution aurait sélectionné l'égoïsme, le célèbre biologiste évolutionniste Trivers[3] justifie phylogénétiquement la nature du libre-échange qui découlerait directement d'une aptitude biologique innée au mensonge et à la duperie. Il en conclut que le capitalisme serait génétiquement « naturel », tout en reconnaissant sa duplicité. Le nombre d'articles biologiques consacrés au développement de la sphère marchande ne cesse d'ailleurs de croître. C'est donc dire que le néodarwinisme admet volontiers le libéralisme. Depuis plusieurs années, l'appropriation privée et les échanges commerciaux ont plus largement pénétré encore les sciences naturelles avec l'organisation de la marchandisation de variétés, de gènes et de micro-organismes[4].

Pourtant, pour que des objets naturels obtiennent le statut de marchandise, il faut d'abord opérer une *privatisation* forcée et officielle. Le phénomène marchand ne découle pas de l'échange de choses naturelles, mais d'une appropriation qui fait de ces choses des propriétés privées. Le processus d'appropriation, qui diffère clairement de la procédure ordinaire de son usage, constitue le moment clé de la formation d'une marchandise. L'histoire des terres encloses, de la féodalité et de l'organisation du travail en rend parfaitement compte. Pour faire simple, l'échange est inégal par définition puisque les deux protagonistes de l'échange marchand n'ont pas la même raison de le pratiquer et que l'un peut disposer sans nécessité de ce dont l'autre a un besoin vital.

Aussi le capitalisme ne découle-t-il pas de la meilleure organisation des rapports humains possibles, avec, en filigrane du libre-échange, un destin humain inévitablement en route vers une démocratie libérale. Non. Outre que l'histoire évolutive présente une durée bien plus considérable que les cinq à six mille ans d'installation des rapports marchands, le marchandage n'existait même pas dans certaines sociétés qui prônaient ou prônent encore la gratuité des rapports humains[5]. L'échange marchand n'a rien de naturel, il possède son histoire propre, depuis la sédentarisation humaine jusqu'au siècle de Périclès[6], pour s'imposer ensuite en s'associant au féodalisme, puis au colonialisme et enfin au capitalisme industriel. Et, en dépit de l'assurance des diseurs de bonne aventure libérale, la fin probable de l'économie de croissance risque bien d'achever ce modèle économique industriel. L'ultime tentation de son remplacement progressif par une économie pseudo-durable, pour le moment encore considérée comme une plaisante robinsonnade, ne réduira cependant rien ni de l'exploitation ni de la marchandise.

Le caractère trompeur de l'échange marchand consiste dans ce qu'il ne s'agit jamais d'un rapport entre des choses, mais d'un *rapport de forces* entre les humains, basé sur la dépendance artificielle des uns envers les autres[7]. L'exemple de l'esclavage facilite de beaucoup la compréhension de la fabrication d'une marchandise. L'esclave n'est devenu une marchandise que lorsque le dessein de le vendre fut réclamé. Mais si l'esclave a pu devenir un objet marchand, c'est bien entendu qu'il résultait du rapport de domination qui précédait le rapport marchand et qui niait son humanité, soit au nom du « sous-homme », soit en justifiant sa non-mise à mort comme captif. Le marchandage nécessite toujours un rapport de forces qui exige également d'être protégé par des instances particulières. Ces dernières imposent cette brutalité et, avec l'État, vont requérir le monopole de la violence[8]. Le salariat découle directement de ces rapports de force asymétriques qui entraînent la vente obligatoire du *temps de vie* des salariés et non pas d'un travail ou d'une nature des choses où chacun devrait avoir une occupation légitime.

Puisque l'appropriation marchande dérive de la capacité à détourner l'usage vers une valeur d'échange, la privatisation ne découle évidemment pas d'une production naturelle. C'est dans un second temps que la production sera mise à profit pour engendrer de l'échange. Les marchandises sont donc éminemment liées à l'histoire des *rapports de forces* et d'exploitation qui définissent ensuite le marché capitaliste.

Il a, par conséquent, fallu des luttes considérables pour corriger, au cours des temps, et tempérer ces rapports asymétriques en instaurant des compensations sociales. Or la privatisation des êtres vivants développe de nouvelles marchandises grâce aux biotechnologies, mais dissimule les inégalités contractuelles qui autorisent une telle appropriation et ce pourquoi la biologie devrait faire allégeance au projet capitaliste des multinationales. Bousculant les fragiles compensations sociales obtenues, ces nouvelles marchandises prônent un commerce beaucoup plus sauvage et mondialisé dans lequel le secret de fabrication tient lieu de valeur ajoutée et dans lequel le droit d'information du public est de plus en plus évincé, dépendant du seul bon vouloir des entrepreneurs. De nouveaux « produits » s'offrent aux entreprises, contre quelques devises, sans questionner au nom de quoi ces firmes s'en octroient le privilège, surtout lorsque le travail découle de la recherche publique. Cela est particulièrement net dans le cas des graines OGM dont, outre l'immense difficulté de maîtrise que cette technologie pose au vivant, certaines entreprises se sont approprié le monopole, alors que les semences ont, de tout temps, été considérées comme un bien commun de l'humanité. Et comment peut-on justifier des brevets du vivant lorsqu'ils concernent une ressource naturelle dont les propriétés étaient déjà connues par des peuples autochtones ?

L'indifférence scientifique à ces privatisations est aujourd'hui mêlée d'un certain opportunisme et de l'établissement d'une biomendicité ordinaire. Cette marchandisation de la recherche paraît désormais la condition de son financement. Cela semble de plus en plus justifier la mondialisation des sociétés libérales et incorporer la biologie comme un outil de la politique capitaliste des dominants, qui est alors regardé comme un instrument *indiscutable* puisque scientifique. La science, renonçant à ses promesses d'universalité, devrait-elle alors se mettre, sans état d'âme, au service de la propriété privée ? Il est pourtant discutable, pour le moins, de souscrire aveuglément à l'ambition affichée d'une marche capitaliste forcée vers un progrès industriel dont la technologie définirait la seule conception du bonheur commun.

Quant à la définition légitime de la quête d'un savoir désintéressé, elle sert aujourd'hui davantage à masquer les enjeux mercantiles qui se sont emparés de la biologie plutôt qu'à représenter une réalité. Le travail scientifique consacré à l'obtention d'une connaissance désintéressée est de plus en plus marginal et une part croissante de la biologie est corrodée par le projet des commanditaires – États, armées ou industriels. Bien que, dès les origines, nombre d'activités scientifiques se soient immédiatement raccordées au pouvoir[9], il faut dénoncer l'étrange collusion des chercheurs avec les autoritarismes et les marchands, arrangement qu'il faudrait associer avec le développement de la cooptation, du népotisme et de la fraude. Ceux-là font de la science un corporatisme s'inscrivant dans une logique de marché et seulement utile au maintien de l'ordre social. Alors que cette connivence asymétrique est souvent légitimée par les avancées scientifiques, le progrès annoncé semble de plus en plus mince et paraît s'opposer à la durabilité du monde et en aggraver la pollution. Même le rêve d'une expansion émancipatrice des savoirs se heurte le plus souvent à la logique de rentabilité du monde marchand et aux impératifs de la concurrence industrielle. On ne peut donc pas faire l'économie d'un examen *du rôle social* de la biologie.

Entendons-nous, il n'y a de toutes les façons aucune raison de revendiquer une science *amorale* puisque la science est un produit humain, dont les déviations froides peuvent clairement s'avérer inhumaines. « Science sans conscience n'est que ruine de l'âme », interpellait Rabelais[10], soulignant la sommation d'une responsabilité scientifique. À ignorer leur universalité, les sciences peuvent devenir des ennemis de l'humanité alors que la science en France a toujours singulièrement revendiqué son origine à partir du siècle des Lumières. Historiquement, la biologie a pourtant toujours été parcourue par des conceptions ambiguës, tolérant de visiter les bornes du racisme, du sexisme ou de l'eugénisme. La thèse de l'intelligence innée ne procède d'ailleurs que de la dimension idéologique du conservatisme qui veut que les riches doivent leur réussite à leur prédisposition et que les enfants des riches héritent de ces gènes permettant qu'ainsi tout aille pour le mieux dans le meilleur des mondes. Aussi l'éthique ne constitue-t-elle pas un point sans importance de la biologie.

Mais, au-delà de la contestation morale et politique, la justesse des conceptions marchandes peut aussi être interrogée. Ainsi le système capitaliste emploie bien d'autres idées dont on ne soupçonne pas la nature. On le sait moins, mais la *gratuité* des relations humaines constitue pareillement un appui fondamental du système capitaliste.

En recrutant des personnes, par exemple, les manufactures exigent de chacun l'aptitude à s'entendre pour former des équipes efficaces ou encore pour s'appuyer sur une culture d'entreprise. Autrement dit, les rapports sociaux sans domination semblent bien être considérés comme des *propriétés naturelles* du vivant. Or, si cette gratuité dissimulée est réclamée derrière les compétences, son concept semble invisible dans toutes les interrogations économiques ou biologiques. Il en va tout autrement du principe de concurrence, s'harmonisant clairement en économie autour du précepte de libre-échange, bien qu'il soit donné pour un postulat naturel dérivant de l'égoïsme supposé des êtres vivants. Si la domination existe dans les sociétés animales, elle dérive presque toujours de la relation filiale, les parents assurant provisoirement un rôle dominant. De même, la division du travail en tâches simples et répétitives, individuellement optimisées sur le paiement des employés au rendement, ne se rencontre quasiment jamais dans les organisations animales. Même dans les sociétés d'insectes les plus stéréotypées, les individus stériles effectuent des tâches beaucoup plus variées au cours de leur vie que ne le permet la rotation des chaînes de montage[11].

On le voit, des termes intégrés à la théorie ont directement été tirés de l'économie politique sans beaucoup d'analyse critique de leur pertinence. Ainsi, en biologie évolutive, les concepts de coûts et bénéfices, qui proviennent directement du problème des rendements du rapport marchand, tirent plutôt leur intérêt de la prise en compte de la productivité thermodynamique et de la recherche d'optimalité énergétique. Certains de ces concepts marchands sont sûrement susceptibles de rendre compte de la dynamique des conflits qui parcourt l'évolution, si on tient la concurrence linéaire pour une force nécessaire. Il n'est pas certain que ce soit toujours le cas, tant les interactions complexes du vivant diffèrent d'avec la valeur d'échange et d'avec la fabrication des marchandises. Bien des réalités mesurées en termes d'optimalité, de dominance ou de coûts pourraient montrer une signification différente avec une autre mesure.

Si la biologie a souvent inventé ses mots propres, allèles, ADN, pancréas et autres, la science évolutive admet bien souvent d'être dépendante de termes équivoques, très liés à l'histoire sociale et aux victoires des dominants dans la société occidentale. Il existe tout de même bien des raisons de trouver que les notions de dominance, de concurrence des apparentés, d'héritage, de territoire, de fief, de bénéfices révèlent à la fois un parallélisme avec la société marchande et que leur pertinence est trop rarement interrogée. Sont-ils usités parce qu'ils rendent compte du réel ou est-ce l'habitude des notions issues d'une société féodale ou capitaliste qui les imposent spontanément à l'esprit des chercheurs ?

Cette question a été posée récemment par l'interrogation du terme « égoïste » placé au cœur de la théorie néodarwiniste[12]. Récusant l'hypothèse d'un égoïsme fondamental au vivant, Joan Roughgarden[13] insiste sur l'idée que les individus d'une espèce ne fonctionnent qu'ensemble, le travail des uns reposant sur le succès des autres. En proposant la notion de gène généreux, l'auteur met l'accent sur une forme de complémentarité génétique des individus, obligatoire pour favoriser leur *fitness*. L'hypothèse originale conteste donc le parti pris d'un avantage naturel de l'individualisme. Bien qu'étayée par des modèles mathématiques, cette position ne me semble cependant pas résister de manière convaincante à l'existence des tensions qui persistent dans les relations biologiques et autre conflit sexuel[14] dont la mante religieuse apporte une illustration définitive en décapitant le mâle qui l'a fécondée. Le conflit et les résistances qu'il attise me paraissent bien alimenter spontanément la *dynamique* des relations.

Pourtant, composant d'une manière univoque l'intérêt particulier, l'égoïsme fondamental du vivant s'avère, pour d'autres biologistes, une quasi-évidence, donc inutile à démontrer, dans un monde soumis à la « compétition pour la survie ». Le concept repose également sur une idée simple de l'individu représenté comme une entité existant *en soi*, dans une vie solitaire où les autres n'apparaissent qu'*en ce* qu'ils exercent une pression sur la vitalité individuelle.

Il en va tout autrement si l'on se réfère à la construction du vivant à partir d'agglomérats cellulaires où l'activité des uns et des autres entraîne une survie générale. Formé à la manière des poupées russes, le vivant emboîte les assemblages et divulgue que les interactions ne semblent pas seulement se réduire à l'égoïsme des individus. La corrélation qui lie quantité de gènes non codants et niveau phylétique de l'organisme signe probablement que la quantité d'ADN éteint résulte de cette histoire composite, soulignant encore que, plus que les gènes, c'est leur *expression* qui reste l'objet de l'évolution biologique. Chaque emboîtement organique, génome, cellule, organe, individu, groupement, communauté, correspond à un niveau différent d'intégration des interactions internes et externes. Ainsi que le notait Jean-Didier Vincent, « tout le vivant réside dans les relations qui les unissent [les molécules], supportées par des forces qui sont celles de la physico-chimie, mais qui créent et entretiennent des formes qui n'appartiennent qu'au vivant[15] ».

L'impérialisme de la culture anglo-saxonne efface parfois des différences sémantiques importantes. Ainsi, le terme *wild* se réfère à un univers hostile qu'il faut combattre, dimension visible chez Henri-David Thoreau par exemple, alors que le terme *nature* évoque plutôt la vision candide de Jean-Jacques Rousseau.

Le néodarwinisme interroge peu son vocabulaire, édifié au cours des années de recherches. Pourtant, il est souvent accepté que soient associés à cette représentation du monde certains termes qui n'y ont probablement pas leur place. Quant aux autres, le flou de leur usage en complique singulièrement la compréhension réelle. La signification biologique de ces mots ambigus dans un contexte évolutif exige presque chaque fois une explication précise dès qu'on quitte leur *implicite* acception, obligation qui placerait presque la biologie parmi les sciences occultes. Ainsi, en écologie comportementale, la présupposition que les comportements découlent de qualités génétiques entraîne que soit testée, par exemple, l'apparente valeur sélective des statuts de dominance. Le mâle qui gagne un combat dyadique est jugé provisoirement le plus fort, suggérant qu'il disposerait d'une aptitude génétique *intrinsèque* à être gagnant. Or la dominance s'acquiert de manière temporaire, elle est dépendante des circonstances, du sexe, de l'âge et du statut reproducteur et ne peut donc jamais refléter une qualité biologique intrinsèque. La conclusion de ces travaux sur des espèces jugées despotiques[16] se résume souvent à cette affligeante tautologie : la preuve que le mâle reproducteur est dominant consiste dans le fait qu'il soit reproducteur. Il est évident que la *fitness* est encore confondue avec un *rapport de forces* changeant.

Ainsi, quel sens donner aux mots quand *l'égoïsme* des gènes est ce qui permet contradictoirement *l'altruisme* et le sacrifice selon Dawkins ? De la même manière, une expression aussi étrange en évolution que le mot « créature », terme chrétien omniprésent, directement issu de l'américain, vient polluer systématiquement les publications, les descriptions et les reportages. L'excuse selon laquelle le mot admet aujourd'hui une large acception n'empêche nullement son ambiguïté et révèle la suprématie d'un mode de pensée. À vrai dire, cette herméneutique obligatoire encourage aussi facilement le reproche de mauvais entendement des commentateurs et facilite l'accusation de lecture déficiente pour celui qui en critique l'usage.

De curieuses concessions accompagnent d'ailleurs les raccourcis de certains chercheurs quand, au contraire, l'opprobre est souvent jeté sur qui récuse la part très consensuelle de la théorie, bien que biologiquement critiquable. Ainsi, comment admettre scientifiquement le tour de passe-passe qui a permis à Peter Scott de donner un statut *taxonomique* à un monstre du Loch Ness chimérique[17] ? Admettre que figurent dans la nomenclature scientifique des êtres fabuleux n'est pas sans rappeler les obscurantismes médiévaux. Pourquoi la science consentirait-elle à crédibiliser une telle pensée magique ? Il ne faudrait d'ailleurs pas sous-estimer l'ampleur de cet ésotérisme largement encouragé chez nos contemporains par nombre de télévisions et de journaux, puisqu'une enquête récente révélait que la moitié des Anglais croyaient en l'existence des esprits et que plus de 50 % des Américains restaient persuadés de la visite d'extraterrestres. Dans de nombreux pays du monde, l'école passe aujourd'hui plus de temps à exiger le maintien d'une discipline de passivité et d'impunité envers des prescriptions religieuses archaïques qu'à solliciter le discernement des élèves. À croire que ces confusions métaphysiques paraissent si utiles au maintien de l'ordre social que le développement de l'esprit critique doive forcément être affaibli.

Cette tentation du sensationnalisme se retrouve aussi dans les centaines de « révolutions » proclamées autour du gène de ceci ou du gène de cela, comme le fut l'annonce du gène de l'infidélité masculine[18]. Or le gène ne peut que coder pour une expression sous la dépendance de la machinerie cellulaire, et il y a bien de la distance de la molécule au comportement. Dans la série des vaniteux innocents, Dean Hamer[19] a lui prétendu avoir découvert le gène de la « croyance en Dieu » dans le codage de la régulation de la monoamine. Que dire aussi des formules « Ève mitochondriale » ou « Adam chromosome Y » directement tirées de la légende chrétienne, bien que leur réalité génétique n'ait aucun rapport avec le mythe[20] ? Cette appétence pour la littérature sacrée peut-elle vraiment cohabiter avec un travail matérialiste ?

Ces allégories ambiguës, qui font recette dans les revues et les journaux, n'apportent rien d'autre que de la confusion dans les esprits, outre que leur évocation révèle une bien étrange connivence. Quel intérêt ont ces formules alors que le public assimile facilement l'évolutionnisme à une forme critique des errances religieuses et considère avec bienveillance la supposée conception agnostique, voire athéiste, de la théorie ? Sans dénoncer tous ceux qui persistent à vouloir démontrer combien le néodarwinisme reste compatible avec la foi[21], combien de textes néodarwinistes étalent aussi impunément une incroyable tolérance des fables religieuses ? Une fois pour toutes, on ne peut pas être scientifique en adhérant à l'idée de la primauté de la croyance sur le raisonnement. La science ne saurait exister sans cette rupture, sans un matérialisme épistémologique fondé sur le principe de la raison.

Le présupposé de la neutralité scientifique appuie généralement le mythe d'un progrès infini des techniques quand bien même elles émanent d'industries mercantiles. Il n'existe pas de réponse univoque à propos des avancées biologiques. Mais il ne suffit pourtant pas de s'identifier à Pasteur pour que les vaccins soient des succès, qui souvent ne concernent encore que les franges les plus aisées des populations humaines. La plupart des manifestations problématiques liées aux vaccins dépendent certes des adjuvants proposés, mais cette victoire provisoire contre les bactéries ou les virus reste ancrée dans une vision néodarwiniste sommaire où la concurrence se règle par la loi du plus fort. De même la lutte contre les ravageurs des cultures a largement méconnu le procès évolutif et la sélection des résistances, révélant en moins de soixante ans combien *l'oubli de l'évolution* dans la recherche avait pu contribuer à aggraver la situation de l'humanité, la disparition des espèces et la pollution de la planète. Ces succès éphémères préparent des catastrophes futures et dévoilent un bonheur à venir de moins en moins crédible au fur et à mesure que les techniques et le développement de la part mercantile favorisent cette industrialisation de nos vies. Qu'il faille incorporer les connaissances d'écologie évolutive dans les propositions technologiques constitue donc une priorité de la science bien que la dictature de la productivité aggrave encore le malaise.

Depuis les critiques de Haldane, bien peu de contestations sont émises contre la dépendance de la biologie envers le monde marchand et son incroyable clémence envers le religieux et le sexisme. En revanche, une grande partie des néodarwinistes refuse d'assumer son histoire embarrassante en niant tout du conservatisme, du sexisme, du racisme et de l'insupportable eugénisme qui ont accompagné, ou du moins suivi, la conception darwiniste, quand il serait beaucoup plus simple de l'avouer pour s'en affranchir. Une résolution sans complaisance reconnaissant formellement l'inhumanité de ces positions infamantes constituerait un premier pas éthique dont la biologie pourrait s'honorer. Cela permettrait également d'en finir avec les suspicions de complaisance en condamnant tout retour à des tentations sexistes et eugénistes.

En France laïque, par exemple, et bien que l'idée d'évolution biologique n'y soit guère en danger, il existe toujours des personnes, qui, redoutant et anticipant la montée des intégrismes antiévolutifs, amorcent précocement des contre-feux, parfois avec une curieuse ferveur. Ces scientifiques et ces penseurs opèrent alors un prudent repli défensif sur des positions darwiniennes strictes, déboutant à l'avance toute critique et parfois même dénonçant tout reproche comme une atteinte à l'évolution. Ce qui confine d'autant plus à l'étonnement que leurs proches montrent souvent une peu admissible indulgence, voire une surprenante tolérance envers les biologistes « croyants » et ceux des biotechniciens les plus engagés dans la marchandisation du vivant.

En outre, cette stratégie embarrasse plus la biologie de l'évolution qu'elle ne la protège. En amalgamant toujours *darwinien* et *évolutionniste*, cette défense interdit toute correction des errements du passé et enferme le corpus de théories présentes dans un dilemme infernal : soit on affiche des notions toujours plus circonscrites avec ce qui se présente alors de plus en plus comme un dogme intouchable, et on évite prudemment tout ce qui fâche, ou bien on risque la sanction du mépris réservé aux traîtres ou aux mauvais lecteurs, ce que d'autres prennent vite comme une excommunication scientifique.

La science a besoin de liberté pour s'épanouir. Ce n'est pas en s'arc-boutant sur une dénégation de ce qui est discutable que pourra se développer la science de l'évolution. Au contraire, cette tactique laisse la porte ouverte à ceux qui voient dans la science une emprise doctrinale à l'œuvre qui tiendrait à dissimuler son objet. Quant à ceux des créationnistes qui veulent prouver les errements idéologiques du darwinisme et la froideur de la science pour convaincre de l'inefficacité de l'idée évolutive et imposer leur emprise rétrograde sur les peuples, ils ne sont guère effarouchés par la manœuvre de déni et y puisent même leur argumentation conspirationniste.

Or, si cette stratégie n'apparaît pas efficace, elle n'est pas non plus utile, car les contributions importantes du darwinisme peuvent parfaitement être intégrées à son dépassement. La science ne devrait rien avoir à voir non plus avec les idées marchandes, mais au contraire toujours s'affirmer universelle.

La science ne se brevette pas, elle se publie. « Elle appartient à l'humanité », comme le disait Marie Curie[22].

9

Un possible dépassement ?

Quelle que soit la pertinence de la théorie initiale, il reste que quantité d'événements *non darwiniens, non sélectifs* doivent maintenant être inclus dans une nouvelle synthèse évolutive, montrant que l'évolution est *l'histoire de multiples interactions*, dont le sexe va nous livrer un exemple concret.

Scientifiquement, parler aujourd'hui de la synthèse néodarwiniste revient obligatoirement à accepter la confusion d'une biologie agglomérant tout et son contraire au nom du respect de principes « darwiniens » tellement élargis. C'est aussi le sens de l'appel d'Eugène Koonin[1] qui, devant « l'ubiquité des mécanismes non darwiniens », demande une nouvelle synthèse qui associerait enfin « la pluralité des processus évolutifs ». Il ne peut s'agir d'un assortiment qui mêlerait des concepts antithétiques comme le reconnaissent les prolongements de ce que l'on nomme maintenant la *théorie moderne* et où, pourtant, darwinien et évolutif restent des synonymes. Non. Le fait que le processus évolutif puisse ne pas être le même au cours de la vie d'un être vivant, comme en témoignent les transformations embryologiques, le fait que, de gènes en individus, il n'y ait sans doute pas de cible unique de l'évolution et le fait que des sauts évolutifs apparaissent à travers l'existence d'événements uniques et non répétés incitent Koonin à réclamer un dépassement du néodarwinisme.

Refuser la synonymie entre darwinien et évolutionniste permettrait déjà d'ouvrir la théorie sur tout un ensemble de débats. Une nouvelle synthèse théorique me paraît donc indispensable et les événements darwiniens, lamarckiens et autres épisodes non darwiniens pourront sans peine y être intégrés sans artifice ni mythologie.

Reconnaître en quoi les observations nouvelles remettent en cause le principe d'une théorie est le fondement même de l'émergence des explications scientifiques. Karl Popper[2] souligne ainsi que la démarche scientifique ne peut jamais reposer sur la simple vérification d'hypothèses. De Gaston Bachelard à Thomas Kuhn[3], il est démontré que la science ne peut s'effectuer que par le rejet successif des *théories insuffisantes. Il n'y a pas d'exceptions en biologie, elles prouvent seulement que la théorie n'est pas la bonne.* Certes, le néodarwinisme s'est largement rénové et il a intégré des dizaines de conceptions nouvelles dans un corpus théorique toujours plus riche, mais au risque d'une trop forte tendance hégémonique, d'une grande confusion et d'une stratégie réductrice de certaines de ses polémiques. Aujourd'hui, *la multiplication des modèles, l'encombrement de la littérature et l'accumulation d'hypothèses correctives constituent un indice important prouvant que le point-limite de restitution explicative est visiblement atteint par cette fameuse « théorie synthétique moderne ».*

Les principes unificateurs du néodarwinisme ont toujours incité les chercheurs à la construction de grands scénarios évolutifs à partir d'une situation perceptible. Dans ces modèles, l'orientation sélective est ratifiée en affirmant qu'elle finit par aboutir à un résultat ultime et bénéfique. Mais le scénario est justifié à l'envers. La difficulté de se reporter aux étapes liminaires et intermédiaires, souvent considérées comme indéchiffrables, est traduite à travers un récit linéaire qui explique le changement par l'obtention d'une faculté nouvelle, et aussitôt privilégiée en tant que facteur avantageux. Ainsi, la longueur du cou de la girafe aurait concordé au besoin de se nourrir du feuillage des acacias et l'événement de l'hominisation a été longtemps attribué à la seule libération de la main par la station debout. Dans le meilleur des cas, l'expérimentation se résume alors à vérifier qu'un tel bénéfice peut être mesuré en termes de survie ou de succès reproducteur. Il paraît *a priori* simple de tester si le paon bénéficie d'une meilleure reproduction selon la taille de sa queue ou de concevoir l'avantage adaptatif d'un organe donné pour en livrer l'explication la plus parcimonieuse.

Toutefois, c'est souvent à travers des expériences de privation, d'amputation ou de déformation que l'expérience en décide l'intérêt, mesurant bien davantage si l'altération d'un organe contrarie ou non son succès évolutif. Ainsi la célèbre expérience d'Andersson testant le rôle attractif de la queue de l'ignicolore[4] a bien davantage vérifié la comparaison entre un oiseau amputé d'une longueur de cet attribut et un oiseau possédant une queue de longueur normale. Mais le plus étrange n'est-il pas que les femelles testées aient préféré les mâles dont la queue avait été artificiellement allongée, révélant donc un choix d'accouplement pour un critère *inexistant* dans la nature ?

La préférence sexuelle pour un critère exagéré ne peut pas être interprétée comme un événement simple prouvant le rôle d'un facteur donné, mais rappelle plutôt l'importance du suprastimulus[5] dans l'évolution. Il en est de même à l'échelle du gène puisque, dès le départ, les allèles étudiés, comme l'œil blanc ou l'aile vestigiale des drosophiles, altéraient bien plus la survie ou la réussite qu'ils ne conféraient un avantage adaptatif. Or les idées d'histoire évolutive et d'exaptation confirment l'écueil qui menace de telles épreuves dans lesquelles les formes intermédiaires ne sont pas

UN POSSIBLE DÉPASSEMENT ?

interrogées. Pour que l'épisode réponde à un scénario sélectif linéaire, il faudrait que chacune des étapes confère à chaque fois un avantage supplémentaire et ne soit jamais neutre, ce qui paraît peu crédible et est justement omis dans l'expérience se concentrant sur le seul résultat.

L'histoire évolutive révèle bien davantage combien la recherche des *origines* d'un mécanisme ou d'un organe peut apporter d'informations sur les péripéties qui entourent sa mise en place, mais ne procure jamais de renseignements sur sa fonction actuelle puisque l'exaptation dévoile même l'improbabilité d'une même fonctionnalité. Les étapes primitives peuvent alors soutenir des scénarios beaucoup plus tourmentés dans lesquels les jalons divulguent aussi bien de longues escales que des sanctions contraires, voire des *involutions* de caractères ou de gènes, éléments très différents de ce que laissaient supposer les fonctions présentes. Plutôt que de partir de l'intérêt actuel de sa fonction, on s'aperçoit chaque fois que des canevas privilégiant l'effet de petites *interactions immédiates non dirigées* s'avèrent beaucoup plus instructifs sur la mise en place du mécanisme. Le scénario accroît sa crédibilité d'autant plus que chaque étape offre une explication singulièrement parcimonieuse. Il en est ainsi, on va le voir, du rôle du sexe.

Le sexe figure en bonne place parmi les problèmes évolutifs non résolus de manière satisfaisante par le processus darwinien de sélection naturelle. Tellement occupée par les caractères changeants, puis par la diffusion des gènes, la biologie évolutive avait oublié d'où venait le sexe. Au sein du néodarwinisme, le sexe a été régulièrement traité comme un simple *mécanisme auxiliaire* de la reproduction différentielle, augmentant la diversité[6], ou comme un processus accessoire de réparation plus ou moins dévolu aux seules espèces supérieures[7].

Pourtant le sexe constitue une des solutions objectivement les pires à la reproduction des organismes[8]. Rien de plus compliqué ne pouvait apparaître dans l'évolution qui réduise le succès reproducteur des individus et limite même la propagation de leurs gènes. Si la sélection naturelle favorise celui qui transmet le plus de « bons » gènes à la génération suivante, comment un processus aussi complexe et « onéreux » que le sexe a-t-il pu émerger au cours de l'évolution ? Chez les femelles, une seule cellule sur les quatre produites à la méiose pourra induire la reproduction. Lors de la fabrication des cellules sexuelles, les cellules haploïdes ne contiennent que la moitié des chromosomes et donc de l'ADN du parent. Il faut y adjoindre le coût engendré par des mâles qui gaspillent un nombre invraisemblable de spermatozoïdes et la prodigalité effarante d'énergie de l'acquisition des caractères secondaires et des parades. En outre, la recombinaison sexuelle est susceptible de détruire toute l'activité adaptative réalisée au cours de la « sélection » de la lignée. Le sexe est donc coûteux et manifestement contre-sélectif.

UN POSSIBLE DÉPASSEMENT ?

Du coup, l'intérêt évolutif du sexe ne peut que difficilement être compris en seuls termes d'avantage reproducteur. Réduisant alors le sexe à la recombinaison, on s'échina à dresser de possibles scénarios sélectifs en définissant deux types de bénéfices contradictoires à la méiose, soit la réparation des brins d'ADN, soit la fabrication d'une diversité génétique. Les deux hypothèses relayaient ainsi deux constats : la recombinaison provient vraisemblablement d'un antique mécanisme de raccommodage et peut éliminer les allèles délétères d'une part (mais pas qu'eux) ; d'autre part, la diversité des individus facilite l'apparition de formes résistantes (mais peut aussi les éliminer)[9]. On s'évertua à traiter des scénarios darwiniens hypothétiques en comparant des espèces pratiquant une reproduction sexuée et des lignées parthénogénétiques[10]. Les théoriciens les plus célèbres furent convoqués pour élaborer des modèles complexes et superfétatoires. Évidemment, on découvrit que le sexe offrait un maigre avantage aux espèces par rapport aux populations non sexuelles, sans jamais vraiment s'informer si ces dernières résultaient ou non d'une détérioration de leur aptitude, aboutissant à une reproduction sexuelle perturbée. Parfois même, il fut inversement mis en évidence un avantage des populations non sexuées sur les sexuées.

Or, en regardant comment le sexe méiotique apparaît au cours de l'évolution biologique, j'ai montré que des enseignements complètement différents peuvent être tirés[11]. En considérant les altérations reproductives des espèces non sexuelles, les résultats contradictoires des expérimentations pourraient être interprétés d'une manière plus plausible. Les inconvénients des reproducteurs non sexués dérivent probablement plus de la détérioration des mécanismes de méiose et de recombinaison que d'un plus grand bénéfice crédité aux autres[12].

Si l'hypothèse de la Reine rouge[13] annonça l'importance des forces antinomiques en évolution, l'introduction de la théorie du conflit sexuel et de la coévolution antagoniste[14] constitua le moment clé d'une rupture d'avec les conceptions unilatérales de l'évolution. Voilà que le principe de moindre résistance faisait entrer une nouvelle dynamique contradictoire. Alors que la concurrence n'avait retenu que la puissance éliminatrice des contacts compétitifs, les interrelations entre les individus ne doivent plus être interprétées autrement que comme une dynamique à l'œuvre, quelle que soit l'apparence négative, neutre ou positive des interactions. L'évolution des uns dépend des autres.

Il faut donc comprendre que la procédure sexuelle s'est mise en place à travers une série de petites étapes non dirigées répondant à des facteurs immédiats distincts. Les bactéries, par exemple, partagent les particularités de vivre en cellules isolées, sans noyau[15], avec un seul chromosome et de ne pratiquer que très rarement des échanges génétiques recombinant[16]. En fait, à mon avis, il est probable que leur simplicité actuelle reflète davantage une adaptation à la microphagie et à un développement rapide qu'une primitivité ancestrale, mais cela n'empêche rien, elles n'ont pas et n'ont jamais eu de relations sexuelles. Les eucaryotes, au contraire, vivent de sexe[17].

Alors pourquoi les bactéries et les eucaryotes ont-ils bifurqué si différemment, pourquoi le sexe a-t-il été adopté si largement ensuite par des millions d'eucaryotes ? En se penchant sur l'importance de l'échange des gènes, un autre scénario évolutif peut être construit qui privilégie les seules interactions immédiates, quand bien même les « bénéfices » sont nuls ou de faible ampleur. Les bactéries, isolées au milieu de conditions sévères d'une planète débutante, n'ont survécu que grâce à une petite taille, un génome le plus souvent circulaire et une paroi de peptidoglycanes notamment, bien que leurs échanges se soient limités à quelques plasmides ou contacts partiels. Les eucaryotes montrent, à l'opposé, des caractéristiques propres, directement liées à l'émergence de la sexualité, probablement parce que les proto-eucaryotes ont eu l'obligation d'entretenir des relations de promiscuité à un stade très avancé de leur constitution. C'est le scénario de la *théorie des bulles libertines*[18].

Sommairement, la simple assimilation de gènes supplémentaires, à travers une perméabilité des protomembranes dans des conditions de promiscuité, a pu conduire à des proportions considérables d'ADN et à la formation d'une sorte d'hétérogénome que la diploïdie équilibrera en réaction. L'échange de gènes promouvant la rénovation des enzymes a favorisé les proto-cellules les plus tolérantes à cet échange, les plus libertines en quelque sorte. L'énorme quantité de matériel génétique, susceptible d'affecter la stabilité cellulaire[19], peut alors être réduite par le procédé de réduction méiotique. La spécialisation alimentaire, permise par la phagocytose, a pu autoriser la séparation des sensibilités trophique et sexuelle. La sexualité méiotique est d'abord apparue chez des êtres vivants non sexués, comme en témoignent encore les protistes. Là, le sexe recombinant se développe bien que les individus ne soient pas sexués. La simple promiscuité primitive dans des creux (protecteurs) de l'environnement et la perméabilité sélective des membranes ont pu suffire pour activer les premières réactions, probablement dérivées de réponses trophiques.

Ensuite, d'autres paramètres de spécialisation ont favorisé l'anisogamie, la division en cellules sexuelles spécialisées, l'une fécondante et l'autre fécondée. Contrairement à ce qui est parfois prétendu, il n'existe pas de troisième voie mais seulement différents types de gamètes, soit fécondantes, soit fécondées. En même temps se spécialisaient des cellules organiques autorisant la fabrication de gonades chez des organismes devenus pluricellulaires par cette séparation des lignées cellulaires, et probablement bisexués. Par atrophie spécialisée d'une des deux fonctions *hermaphrodites archaïques* s'est ensuite organisé un individu gonochorique unisexué. Cette spécialisation apparemment efficace a cependant développé à sa suite le conflit d'intérêts entre formes mâle et femelle. En effet, les mâles peuvent augmenter leur descendance en multipliant les accouplements tandis que les femelles, qui ne le peuvent pas, se spécialisent jusqu'à la viviparité et l'allaitement. Cette évolution antagoniste et le conflit ont entraîné une *parthénogenèse de réaction* chez des espèces auparavant sexuelles, mais dont le conflit de génome se prolongeait[20]. Ainsi, j'ai pu décrire que le sexe, en tant que mécanisme non darwinien d'échanges de gènes, a promu, pour les êtres vivants, l'intérêt évolutif d'avoir des relations et d'organiser des mutualismes[21].

Plus même, il a obligé les organismes à élaborer cette relation intime d'échanges génétiques à partir de simples interactions archaïques. Même si l'évolution se comprend à travers la modification de la fréquence des gènes, il ne peut y avoir de diffusion des gènes sans relations. Le sexe est un exemple de l'établissement évolutif d'une interrelation complexe à partir de petits événements immédiats, sans lien les uns avec les autres. En quelque sorte, avec le sexe chaque descendant présente un nouvel assortiment de gènes qui fait de chacun un individu « hétérogénomique » au sein de sa population d'origine. Rompant avec la propagation clonale, la progéniture sexuée illustre l'importance du rôle évolutif des interrelations en général.

Car en fait, jamais un organisme n'a évolué seul.

10

L'évolution des différences

Déjà, la cladistique avait souligné qu'un *préjugé* tenace soutenait tout l'édifice taxonomique depuis Linné. Toute la nomenclature était appuyée sur la notion de similitude ou de ressemblance, les *plésiomorphies*. Au contraire, pour identifier l'organisation des parentés du vivant, il faudrait bien plus tenir compte des caractères nouveaux, de ceux qui, apparaissant, provoquent l'évolution. Aussi Willi Hennig a-t-il opposé une évaluation des *apomorphies*, ou caractères nouveaux, pour édifier une systématique qui rende enfin compte de l'évolution réelle des organismes, soulignant que toute classification ne peut se comprendre que dans l'analyse des divergences évolutivement pertinentes.

Or ce présupposé de l'importance des ressemblances se retrouve encore aussi bien dans le néodarwinisme orthodoxe que dans sa conception la plus moderne centrée sur le gène. En annonçant la *sélection de la parentèle*[1], Maynard-Smith, Hamilton, Wilson puis Dawkins se sont encore concentrés sur l'*a priori* de l'importance sélective de la *ressemblance* des êtres vivants. La sélection de la parentèle, que Dawkins reprend dans le thème de l'égoïsme des gènes, pose en principe général que la *ressemblance*, la similitude *la plus extrême*, c'est-à-dire la parenté la plus étroite, déterminerait la défense de l'intérêt commun. À partir de l'exemple de la vie sociale des hyménoptères sociaux haplo-diploïdes, la collaboration n'est même légitimée que par le degré de parenté. La défense des intérêts propres de la ressemblance, le patrimoine commun des gènes, constituerait la force la plus importante du processus évolutif.

Ainsi, d'après ce néodarwinisme, bien que les individus s'avèrent « naturellement égoïstes », on l'a vu, l'identité génétique doit générer de l'altruisme et de la coopération. Disposant de gènes communs, même les comportements qui diminuent la valeur sélective d'un individu peuvent être sélectionnés puisqu'ils favorisent la propagation de ses gènes partagés, quand bien même cela entraînerait sa propre mort. Avec la parentèle, le néodarwinisme impose que l'évolution soit donc soumise à la *similitude* des gènes. Cette similitude à son tour justifie *a priori* combien les gènes devraient être l'alpha et l'oméga de l'« aptitude inclusive ». La valeur du gène vient ici de sa réplication supposée, de sa capacité inhérente à se « reproduire » tel quel, faisant de l'évolution un mécanisme de diffusion des informations génétiques pour elles-mêmes, à l'infini.

La valeur heuristique de cette conception tient contradictoirement à ce qu'elle valorise l'individu *en soi*, et sa valeur compétitive intrinsèque, mais également parce que la parenté suppose une familiarité qui autorise l'émergence de l'empathie et de la morale. Ainsi l'empathie[2] ou l'altruisme relaieraient un égoïsme fondamental et, par conséquent, naturel, parce qu'ils favoriseraient toujours la propagation de gènes les plus semblables, les gènes apparentés, y compris à travers des comportements les plus « adaptés » à cet effet, insiste la sociobiologie de Wilson. On le voit, cette orientation de la biologie évolutionniste peut donc relancer les hypothèses sociobiologiques du fondement génétique des conduites, et certains des débats, souvent peu scientifiques à l'époque, qu'on s'était empressé d'oublier[3]. Si cette conception flirte dangereusement avec le mythe raciste qui pose la filiation comme principe fondateur des sociétés, il s'y incorpore aussi facilement les notions d'optimalité sélective[4]. Mais pour les tenants de l'écologie comportementale[5], cette approche évolutionniste du comportement présente l'intérêt de placer le gène au centre des préoccupations scientifiques car, dans la logique néodarwiniste, un comportement retenu par la sélection naturelle doit conférer à l'individu un avantage héréditaire qui l'emporte sur les inconvénients.

Et cependant, que la *ressemblance* génétique soit la force la plus puissante de l'évolution paraît une notion préconçue largement contredite dans les faits. L'évolution consiste d'abord dans une histoire de la différence et de la diversification.

Le soi et le non-soi restent au cœur de la connaissance biologique. Il ne s'agit pas seulement d'un problème philosophique questionnant l'ontologie de Parménide ou d'Anselme de Canterbury. Non, le système immunitaire dévoile combien la question du soi et du différent semble intervenir d'une manière cruciale en biologie. L'hôte s'oppose au pathogène, dévoilant que le maintien de l'intégrité organique d'un corps dépendrait du rejet de tout ce qui lui est différent[6]. En même temps, il n'existe pas d'organismes incapables de déclencher des répliques immunitaires contre ses propres composants, comme en témoigne la phagocytose régulatrice. Plus que se reconnaître, l'identité des êtres vivants passe davantage par la reconnaissance de ce qui leur est différent. Déjà Husserl[7] avait énoncé que l'existence n'appartenait pas à l'individu comme sa propriété, mais *était* l'individu lui-même. Alors rester ancré sur les présupposés de la ressemblance génétique et du rôle intuitif de la parenté empêche sans doute de considérer la réalité fondamentale de la divergence évolutive.

L'ÉVOLUTION DES DIFFÉRENCES

Car l'évolution est d'abord une production de différences[8]. Toute l'histoire évolutive est celle de la diversification des formes, et non pas de la prolifération des ressemblances. Nous disposons de plusieurs fondements biologiques concrets pour affirmer que l'évolution produit de la différence. Tout d'abord, toute la diversification évolutive des espèces repose sur la divergence reproductive qui signe finalement la *spécialisation* des espèces. Une espèce diffère d'une autre en exploitant *spécifiquement* un environnement hétérogène et, grâce à ce fonctionnement, les espèces forment des ensembles écologiques en réseaux. L'explication de la distinction spécifique tient à la *spécialisation* des phénotypes. La question évolutive ne réside donc pas dans le gène qui se « reproduirait », mais dans la diversification des phénotypes. C'est dire combien *l'expression* des gènes constitue la cible évolutive privilégiée. Ce qui est bien différent, car l'expression du gène n'existe que par l'individu qui le porte.

Mais c'est en divergeant dans son processus de *reconnaissance* sexuelle que l'espèce se diversifie vraiment en une nouvelle espèce. En quelque sorte, les espèces résultent de leurs « amours » contrariées. Et c'est encore plus vrai dès qu'on considère les eucaryotes et, au fur et à mesure de leur évolution, les espèces les plus récentes. Loin d'une identité génétique sélectivement intouchable, l'espèce est composée d'individus qui diffèrent les uns des autres tout en conservant la compatibilité de leur génome. La reproduction sexuelle ne se contente pas de *dupliquer* des gènes, elle intègre au contraire des gènes *différents*. La réplication génétique n'est *jamais* le protagoniste principal de l'évolution, quoi qu'en dise Dawkins.

La procédure sexuelle constitue souvent, en outre, l'aboutissement d'un mécanisme d'*évitement* de la consanguinité. Ce choix d'évitement, qui influence considérablement les appariements sexuels et motive probablement les animaux homosexuels, peut déterminer le degré d'hétérozygotie du complexe majeur d'histocompatibilité (MHC) et favoriser l'efficacité de la réponse immunitaire de la progéniture[9]. En préférant des partenaires non apparentés, différents d'eux-mêmes par leur MHC, les animaux diversifient la réplique de leurs descendants aux attaques pathogènes et donc avantagent leur survie. Et la puissance de ce mécanisme de choix a même pris le dessus sur toute autre manière de séduire. Que cette recherche d'un partenaire différent soit active ou découle de processus indirects n'a guère d'importance. Ici se révèle combien le jeu évolutif dépend de l'introduction de la différence. D'ailleurs, en plus de l'importance considérable du MHC, les spécificités olfactives induites semblent d'autant plus discriminables qu'elles sont associées avec d'autres différences phénotypiques.

Bien que ces travaux aient largement contribué à la lutte contre les inégalités de sexe, le « travers » des études *du genre*[10], si je puis dire, est qu'en voulant signifier combien l'identité ou l'orientation sexuelle humaine constitue un processus social et culturel, les sociologues ont, par contrecoup, pratiquement consenti à admettre la réalité d'un sexe biologique intangible. Or toutes les espèces nous révèlent au contraire, non seulement la diversité inouïe des conduites amoureuses, mais aussi qu'il n'existe ni sexe biologique ni sexe génétique. Le « sexe biologique » varie en fonction d'une multiplicité d'expressions dont aucune ne possède une prévalence définitive sur l'autre. Le sexe ne se réduit pas à l'anatomie des organes génitaux, pas davantage qu'au sexe chromosomique, qu'à la production hormonale ou à l'histoire physiologique et individuelle. Si la division des sexes dérive d'une longue histoire évolutive, l'individu sexué résulte, lui, d'une trajectoire individuelle organique, physiologique, psychologique et sociale. La sexualité se pratique chez des protistes dont les individus restent non sexués, le sexe des tortues dépend de la température du nid, et des femelles de lézards parthénogénétiques fouette-queues peuvent parfaitement développer des comportements de monte indubitablement mâles sans disposer d'aucun chromosome Y[11].

La reproduction sexuée, en elle-même, constitue un formidable mécanisme de formation d'un génome hétérogène : à partir de deux parents, un troisième individu, parfaitement original, se bâtit. La sexualité produit en quelque sorte des « hétérogénomes », ce qui n'a rien à voir avec la simple réplication des gènes. Ici la diploïdie pourrait s'avérer un mécanisme qui, à la fois, soulage la tension de l'expression des variantes alléliques et contradictoirement en permet l'expression. Si l'arrangement de cet hétérogénome constitue l'une des productions évolutives essentielles du sexe, d'autres procédures interviennent aussi pour générer des différences même au sein du génome des bactéries à reproduction clonale, comme les transferts horizontaux (HGT) par exemple. Et les introgressions génétiques par hybridation trouvent encore un rôle évolutif, provoquant l'intégration d'une disparité encore compatible avec l'organisme vivant.

Tout se passe comme si la réponse biologique aux conditions hétérogènes du milieu exigeait la mise en place de réponses organiques où la diversité joue définitivement le rôle principal. Et cette diversité, loin de construire la seule concurrence entre formes apparentées (dont Darwin surévaluait déjà le rôle évolutif), constitue le moyen d'établir des *relations* essentielles à la construction des réseaux du vivant. Chacun se spécialisant sur un type d'exploitation d'un environnement hétérogène, les êtres vivants établissent des réseaux d'interactions au sein desquels la stabilité des interrelations constitue la *force la plus structurante*. Ces relations ne montrent évidemment ni rôle positif ni rôle négatif. L'interaction reste fondamentalement *ambivalente* et c'est en cela qu'elle apporte le dynamisme évolutif. L'environnement et les circonstances corrigent le maintien ou le rejet de ces interactions.

L'ÉVOLUTION DES DIFFÉRENCES

Si mon raisonnement possède quelque valeur, alors, l'évolution ne consiste pas dans la seule transformation de la lignée d'un être vivant isolé. C'est une histoire collective, et plus encore depuis l'émergence du long processus qui se conclut sur le mécanisme de la sexualité, incorporant méiose, gamétogenèse, syngamie et même pluricellularité. Des cellules grandissent, se divisent et interagissent les unes avec les autres jusqu'à former des agencements, des corps, des communautés. Mais il n'y a rien en dehors du tout ! L'évolution se construit d'abord de multiples mutualismes, selon des mécanismes bio-équivalents à ceux du déplacement de caractères[12].

Ici agit un principe simple, matériel, bien connu en biochimie ou en écologie : *la force structurante des interrelations*. La relation n'est ni bonne ni mauvaise en soi, elle inscrit juste une dynamique dans l'évolution. Si la symbiose stabilise et intègre, la concurrence n'est qu'une relation qui tourne mal. Il n'y a pas lieu de tenir pour seulement efficace le rôle d'une seule interaction négative et son fondement « inné », l'égoïsme. Car les *relations* entre êtres vivants peuvent à elles seules bouleverser leurs *fitness*. Ainsi, le parasite *Toxoplasma gondii* infectant un rongeur en manipule le comportement, le rendant moins prudent face au prédateur[13]. Ou encore la modification du biome intestinal par la vancomycine paraît susceptible de réduire les symptômes de l'autisme[14].

Si je ne me trompe pas en proposant le rôle crucial des interactions tel que l'avènement du sexe le suggère, l'évolution suit le déroulement d'un agencement aveugle d'événements fortuits, organisant progressivement des cellules, des organismes, des populations, des communautés et des écosystèmes. La constitution temporelle de l'organisme, selon la règle *des poupées russes*[15], répond ainsi au problème du « bateau de Thésée[16] », se contentant de rejeter tout ce qui encombre les interrelations, selon le principe de moindre résistance que je défends. La relation peut cesser ou être absorbée sous le simple effet d'*un tir à la corde évolutif*, résolvant du même coup le problème immunitaire du soi ou du non-soi et sans nécessiter un système organique central ou un grand ordinateur capable de reconnaissance.

Il faut toutefois avouer que la *règle de corrélation* de Cuvier, qui impose une modification *coordonnée* des caractères, contredit l'hypothèse de petites variations insensibles (et donc aussi la sélection darwinienne). Or le principe de la force des interactions reste, elle, propre à rendre compte, non seulement de ces transformations organiques coordonnées, mais aussi de l'arrangement des communautés, dont le mécanisme général pourrait s'avérer proche d'un scénario hologénomique[17], induisant une influence réciproque des gènes. En outre, l'obstacle insoluble des stases évolutives pourrait aussi y trouver un début d'explication dans une réduction de la dynamique des interactions et, donc, de leur rythme, entraînant la stabilité provisoire d'une communauté, d'une espèce. De la même manière, le problème récurrent des radiations explosives peut mieux s'interpréter avec l'effet diversifiant d'un nouvel assemblage plutôt qu'avec le scénario darwinien de libération des niches concurrentes.

Dans l'enchevêtrement des milieux et de la matière, chaque espèce interagit dans l'environnement des autres et le fonctionnement des communautés et des systèmes n'existe que par ces associations subtiles, mais provisoires. L'évolution biologique découlerait alors de *l'invasion génétique* d'un assemblage selon des modalités aléatoires comme le transfert de gènes, l'hybridation, la dérive (un schéma lamarckien ou neutraliste) ou selon des procédures proches de la reproduction différentielle (pas de concurrence, juste des différences) se déroulant à travers une stratégie de promiscuité ou de relations (selon un effet de type hologénomique ou un autre schéma) qui, à son tour, pourrait entraîner une *différenciation organique,* selon une manière bioéquivalente au détournement de caractères ou à la spécialisation sous l'effet de l'habitat (un schéma plus lamarckien) ou sous la pression des autres (un schéma plus darwinien). La force structurante de la relation consiste dans ce que la cible évolutive tient davantage dans l'adéquation provisoire de *l'expression génétique* des individus interagissant, à la manière dont le révèlent les choix sexuels d'évitement de la consanguinité ou selon des processus regardés comme hologénomiques. Cette hypothèse suit également de très près le modèle moléculaire qui montre que, plus que la fonction des gènes, l'évolution peut cibler la protéine[18] qu'il exprime. On peut insister encore en soulignant que la *spécialisation phénotypique précède toujours la spéciation*[19], cette inhibition de la relation qui sépare reproductivement deux espèces.

Ces ensembles fonctionnels construisent des unités discrètes, subtiles, parfois invisibles qui les rendent interdépendantes les unes des autres et dans lesquelles les antécédents influencent encore le présent. L'importance heuristique de l'examen des interrelations entre organismes a ainsi été révélée aussi bien par les recherches qui mettent en évidence les relations entre le biome intestinal et la santé[20] que par la mise en évidence des déplacements de caractères ou des études écologiques à plus grande échelle. Ainsi des relations apparemment « négatives » ou « égoïstes » comme la prédation peuvent trouver des côtés « positifs » ignorés, comme l'*effet vétérinaire*[21] sur les populations de proies ou la propagation des graines par les oiseaux frugivores.

Des accidents majeurs peuvent alors constituer les événements décisifs qui ont perturbé, ou détruit, tout un ensemble du vivant, entraînant la disparition de toute une faune et de toute une flore. Ainsi peuvent être intégrés les épisodes catastrophiques non darwiniens dont l'impact sur le devenir des faunes et des flores n'est pas sans conséquences et qui restent largement ignorés de la biologie néodarwiniste. Puis, à partir de quelques résistants de l'impossible, de nouveaux assemblages se sont reconstruits alors différemment, générant d'autres mutualismes, jusqu'à une crise ultime qui fera de la terre une simple planète vide parmi d'autres dans l'univers.

Les épisodes d'extinctions rentrent mal dans le néodarwinisme parce que tout y est imputé à la concurrence entre individus alors qu'il est ici admis que le déséquilibre des relations entraîne la disparition selon un effet domino. L'érosion de la diversité peut longtemps rester silencieuse. On connaît mal les seuils critiques de diversité à partir desquels ces systèmes perdent de manière irréversible leur intégrité fonctionnelle. Mais c'est probablement alors, sous l'effet d'une perturbation de trop, que l'ensemble s'effondre conduisant à une crise majeure et à l'extinction de toute une faune, toute une flore, participant d'une manière catastrophique à l'histoire évolutive des espèces, et sans y faire entrer à cet instant-là le moindre darwinisme. L'événement fortuit[22], comète, volcan ou autre, est alors ce qui donne l'estocade à la démolition du château de cartes déjà fragilisé. Ces questions sont d'une importance capitale puisqu'elles concernent à terme aussi bien les cycles biogéochimiques de la matière et de l'énergie, les problématiques de rétention et de redistribution de l'eau que le maintien de l'organisation dynamique des espèces dans les écosystèmes. Ces différents événements ont à leur tour une grande incidence sur la constitution des climats.

Corollaire de ce que les êtres vivants résultent de ces milliers d'interactions immédiates, la vie n'a pas de sens et l'évolution n'a pas de direction. Aucune téléologie ne la parcourt. Le tourbillon du vivant s'accommode de millions d'interactions. L'importance évolutive de l'établissement de ces relations commence aujourd'hui à être reconnue, tant dans la pluricellularité[23], que dans la construction des réseaux trophiques et même des sociétés, par exemple.

C'est ce que j'appelle une *écologie évolutive*, une coévolution écologique et cela pourrait constituer, si je ne m'abuse pas, et avec bien d'autres conceptions bien sûr, l'un des points de départ d'un renouveau du paradigme évolutif.

En tous les cas, une porte est entrouverte.

En conclusion

Il n'y a pas de vérités savantes infranchissables. Il faut expliquer, développer l'éducation populaire et l'esprit critique. Nos écoles valorisent davantage la concurrence entre les élèves quand la relation est une force. Nos lycées affichent toujours la suprématie de l'égoïsme et des chefs isolés quand tout prouve l'efficacité des groupes coordonnés sur la même tâche. Quant à nos grandes écoles et universités, elles prônent souvent un élitisme délirant, directement appuyé sur une compétition puérile où le mépris des travaux des autres charrie parfois une petite délinquance scientifique qui peut l'emporter sur l'intégration des équipes.

Mais il n'y a pas de héros seuls. L'intelligence est une œuvre collective qui peut parfois poindre chez certains plus vite que chez d'autres, mais qui appartient à tous à la fois.

Dans notre monde modernisé, on pourrait trouver futile de se plaindre que les sciences du vivant négligent tellement la biologie évolutive et ses contradictions théoriques. Après tout, il est peut-être possible que la biologie fonctionnelle, la médecine ou la génétique ne ressentent pas le *besoin* d'un éclairage évolutif. Et ce renoncement se justifierait d'autant plus que les argumentations évolutives paraissent tellement se cantonner à des controverses spécialisées, sinon à des spéculations difficiles. Le dogme évolutif étant établi une fois pour toutes, la moindre analyse critique pourrait même bien s'avérer suspecte[1] ! Quant à l'agriculture, ne s'est-elle pas justement imposée contre la biodiversité de la nature ? L'objectif agricole, qui privilégie la productivité d'une culture, ne peut certes pas tolérer la concurrence des plantes adventices néfastes aux rendements.

Pourtant, l'évolution ne peut jamais se réduire à un simple point de vue *optionnel* sur le vivant. L'évolution biologique reste la *condition fondamentale* du fonctionnement des êtres vivants et il n'est pas possible d'ignorer l'importance des relations que les organismes esquissent entre eux. Ainsi, on nous rappelle souvent que toute la procédure agraire a été fondée sur la sélection artificielle de variétés d'intérêt dont on stimule la propagation au prix d'un travail acharné. Mais il faudrait ajouter que l'usage permanent de pesticides et d'amendements

EN CONCLUSION

répondait à la seule préoccupation de la *compétition sélective* avec la nature. On peut alors constater que ces répliques naïves à l'évolution naturelle se sont avérées une très mauvaise solution, activant chez les insectes et les pathogènes des résistances à l'élimination. Plus que fournir un bénéfice à l'humanité, le succès provisoire de ces luttes a engendré une pollution omniprésente et une grave atteinte à notre planète.

Actuellement, il existe des recherches qui portent haut les habits neufs d'un darwinisme affiché, on y parle d'organisation cladistique pour inventorier des pathogènes, de médecine darwinienne quand on teste des flux de gènes ou des antibiotiques nouveaux, ou même de sélection naturelle quand on discute de l'exigence de diminuer les traitements phytosanitaires et d'utiliser des auxiliaires de culture. Mais, en fait, peu de travaux scientifiques revendiquent vraiment de s'appuyer sur des définitions thématiques rigoureuses de l'évolution biologique.

Or la prise en compte, même aussi tardive, des processus évolutifs peut au contraire ouvrir de nouvelles voies. Ainsi, les recherches qui portent sur l'association de différentes plantes cultivées pour réduire leur charge parasitaire[2] découlent directement de l'idée nouvelle du rôle décisif des *interrelations* évolutives. De même, nous avons cherché à comparer l'intérêt des lâchers inondatifs de parasitoïdes sur les cultures infestées à la stratégie de favoriser la circulation sur les plants des parasitoïdes naturels à la région d'étude[3], démontrant qu'une écologie agricole fondée sur les interrelations mutuelles locales était probablement aussi prometteuse qu'un raisonnement sélectif.

Ce qu'on appelle les équilibres naturels ne sont pas des équilibres stables, mais des processus dynamiques, au sein desquels des assemblages d'espèces établissent des interrelations directes ou indirectes. Ainsi, la prise en compte des relations symbiotiques complexes qui s'établissent avec les micro-organismes dans la flore digestive et au sein des coraux a permis d'émettre la *théorie de l'hologénome*[4] encore débattue actuellement. Selon celle-ci, le génome de l'hôte interagit suffisamment avec le génome des symbiontes pour engendrer un « hologénome » héritable, constituant une *nouvelle unité sélective*. Ici l'acquisition lamarckienne d'un trait s'incorpore alors à une sélection darwinienne, mais c'est bien la *relation* qui fonctionne comme une cible évolutive.

L'analyse des mutualismes naturels, pour rendre compte des modifications de ces biocénoses, devrait être porteuse d'informations nouvelles qui comprennent l'association des mécanismes dans les emboîtements « en poupées russes » des êtres vivants. Alors que les aptitudes autotrophe, hétérotrophe et saprotrophe des bactéries semblent indiquer leur adaptation à une multiplication rapide[5], les recherches sur l'origine archaïque de la phagocytose révèlent un mécanisme lié au développement de la sensibilité des eucaryotes. Ces approches évolutives fournissent ainsi une compréhension neuve

EN CONCLUSION

du rôle des macrophages et de l'immunité. La détermination de la structure modulaire des protéines et de leur modification par des événements aléatoires soutient également une meilleure connaissance des récepteurs des lymphocytes immunitaires. Quant aux recherches de biologie de la reproduction, elles vérifient chaque jour combien les circonstances de notre environnement influencent nos relations et les générations successives.

Il faut donc rendre la biologie compréhensible pour tous, dans ses découvertes les plus complexes comme dans ses hésitations. L'acte de vulgarisation des propositions antithétiques est difficile, mais il faut le continuer. Il est indispensable de diffuser et de partager les connaissances avec le plus grand nombre, mais aussi de développer le sens critique indispensable qui fera émerger la science de demain.

En retrouvant l'idée du récit historique, la pédagogie de l'évolution biologique pourrait aussi profiter d'une sémantique plus adaptée à son interprétation, sans se forcer à l'obligation d'en dégager un principe unificateur. Si la biologie étudiait la vie, elle serait sans objet : la biologie est l'étude des êtres vivants et de leur transformation naturelle. Car l'évolution est une *histoire de la nature*.

Bien sûr, la biologie évolutive s'est rénovée et des nouvelles théories, débattues avec verve, ont souvent clarifié chacune des avancées nouvelles. Pourtant, nous arrivons à un seuil de rupture et l'hégémonie du néodarwinisme[6] constitue un frein à l'émergence d'une synthèse nouvelle. Il faut aujourd'hui parler d'écologie évolutive alterdarwinienne. Il n'y a plus lieu de persister dans l'usage de termes courants, dont la polysémie complique l'entendement, non plus que de multiplier les termes savants incompréhensibles en dehors du cercle de ceux qui les profèrent.

Ainsi, le terme « sélection », apparemment si aisé à retenir, reste d'une interprétation d'autant plus délicate que son sens commun est très éloigné du concept biologique. Ce qui est *sélectionné* est communément compris à la fois comme le résultat d'un tri *extérieur*, comme une *réduction* d'une diversité antérieure et dans un objectif de *meilleur* rendement. Or le terme biologique se défend de n'inclure aucune de ces significations. La diversité se renouvelle après le tri, sans intervention extérieure et cela sans écrémage des *meilleurs*. Seule est censée exister une plus grande efficacité de la fonction organique après l'effet de la sélection naturelle. Mais cela même, on l'a vu précédemment, n'a rien d'inévitable puisque la fonction peut changer en dérivant en de nouveaux agencements organiques. On conçoit donc l'exigence d'une herméneutique permanente de ce terme tellement usité. Au contraire, l'acception de vocables comme ADN ou reproduction différentielle, bien que circonscrits, reste bien plus intelligible et neutre que la métaphore du programme génétique ou de la recherche du succès reproducteur, qui suppose, pour l'un, une supériorité hiérarchique

EN CONCLUSION

des gènes sur leur expression et, pour l'autre, un dessein à venir.

Or l'évolution découle bien davantage de *l'expression* des gènes que de leur dispersion. En outre, l'usage unique du concept évolutif impartial de *reproduction différentielle* éviterait l'opposition discutable des notions parallèles de sélection naturelle et de sélection sexuelle dont la première suppose un environnement passif et la seconde tient le choix reproducteur comme la force évolutive, en même temps qu'elles suggèrent faussement un « perfectionnement » des procédures du vivant. Du coup, la réponse à la question posée de l'évolution humaine devient également évidente : oui, l'humanité continue à évoluer puisque les individus se reproduisent différemment.

Les découvertes génétiques, les transferts horizontaux, l'épigénétique, l'hologénome, la plasticité phénotypique et la spéciation sympatrique, entre autres, semblent des éléments clés pour notre conception moderne du vivant tout en insistant sur le rôle du sexe, cette première relation que les êtres vivants ont développée dans l'histoire évolutive, et qui a permis la reproduction différentielle. Que les mécanismes non darwiniens soient rares ou très fréquents n'y change rien, une *autre évolution est possible*.

Faut-il pour autant chercher à définir un principe unitaire qui générerait à partir des variations tout l'univers des possibles ou, au contraire, se contenter de la contingence d'une histoire évolutive ? Il est bien probable que les espèces vivantes, au milieu du déséquilibre complexe de leurs interactions, développent de multiples tentatives pour se dégager des contraintes de leur environnement physique en laissant émerger de nouvelles procédures organiques, sans qu'aucune piste ne les guide ni qu'aucun progrès ne les transforme. En soulignant combien l'évolution concerne des assemblages biologiques selon un principe de moindre résistance, le paradigme principal de l'évolution peut être vu différemment, et sans doute même écologiquement rénové.

Alors, aujourd'hui, en questionnant les lacunes et les avancées des connaissances, il y a lieu d'insister sur la pertinence de dégager un nouveau paradigme évolutif qui rende compte de cette réalité biologique des relations avec une acuité moderne.

Et cette recherche ouvre d'inouïes perspectives.

Notes et références bibliographiques

INTRODUCTION

1. Dobzhansky T., 1973, « Nothing in biology makes sense except in the light of evolution », *The American Biology Teacher*, 35, p. 125-129.

CHAPITRE 1

Une histoire naturelle

1. Voir à ce propos l'enquête de Guillo D., 2009, *Ni Dieu, ni Darwin. Les Français et la théorie de l'évolution*, Ellipses.
2. Lamarck J. B., 1809, *Philosophie zoologique*.
3. Jean Baptiste Lamarck, dans « Quelques considérations relatives à l'homme », dans son livre de 1802 *Recherches sur l'organisation des corps vivans*, construit le premier scénario de l'hominisation connu à partir du joko (singe).

4. Même favorable au rôle de Lamarck, on dit que son travail aurait été prématuré ; par exemple : « Lamarck annonce un peu précocement les idées évolutionnistes sommaires qui seront développées par Darwin », dit un manuel de biologie.

5. Georges Cuvier (1769-1832) a élaboré une classification naturelle du vivant. Selon lui, il a existé des « mondes antérieurs détruits par quelque révolution de ce globe », dont les fossiles nous révèlent l'existence. Savant académique, reconnu de son temps, il reçut de Charles X et de Louis-Philippe nombre de distinctions. Pour le catastrophisme de Cuvier, l'adaptation des espèces révélait un tel « perfectionnement » qu'elle contredisait l'évolution, s'approchant ainsi plus des opinions du pasteur Paley que des idées néodarwiniennes d'*optimalisations*. Paradoxalement, Stephen Gould réhabilite pourtant Cuvier et son catastrophisme dans son dernier livre tandis qu'il reste très sévère contre Lamarck.

6. En réalité, Lamarck écrit : « Tout ce qui a été acquis, tracé ou changé dans l'organisation des individus pendant le cours de leur vie, est conservé par la génération, et transmis aux nouveaux individus qui proviennent de ceux qui ont éprouvé ces changements. »

7. À remarquer cependant que la théorie néodarwinienne ne rompt pas non plus avec l'idée de complexification : « les organismes se compliquent avec l'évolution », phrase qu'on retrouve aussi bien chez George Gaylord Simpson (1953, *The Major Features of Evolution*, Columbia University Press) que chez François Jacob (1975, *Évolution et réalisme*, Librairie Payot).

8. « J'ai dévoré Lamarck dont les théories me réjouissent. Je suis heureux qu'il ait été assez courageux pour admettre, qu'en le poussant au bout, son argument prouve que l'homme descend de l'orang-outan », explique Charles Lyell.

9. Pour mesurer la promotion enthousiaste de Darwin, juste cette introduction d'un manuel qui n'hésite pas à annoncer : « Il est rare que l'on puisse dater précisément une révolution scientifique. Pourtant, nous connaissons précisément la date de la plus grande révolution de la biologie depuis la découverte de la cellule : le jeudi 24 novembre 1859

NOTES ET RÉFÉRENCES BIBLIOGRAPHIQUES

paraissait un livre qui allait changer le monde : ce jour-là, le naturaliste Charles Darwin, déjà célèbre pour d'autres travaux et ses voyages, faisait paraître son ouvrage. »

10. Darwin n'a presque jamais voyagé. À part un court séjour en France, son seul et long périple fut l'embarquement sur le *Beagle* à bord duquel il effectua une expédition durant plus de quatre ans (1831-1836), dont près de trois dans des activités naturalistes à terre. Il en ramena un carnet de notes *Journal and Remarks*.

11. En fait, il semble que ce soit John Gould qui remarqua que la collection des pinsons naturalisés ramenés par Darwin devait comprendre des espèces distinctes selon la morphologie de leur bec, vivant probablement sur des îles différentes, Darwin les ayant confondus. Cet épisode constitue l'une des clés de l'hypothèse évolutive qui énonce que les espèces dérivent à partir d'un ancêtre commun.

12. Thomas Malthus (1766-1834), pasteur et démographe, est partisan d'une politique de contrôle de la natalité. Il évoque que les populations croissent exponentiellement, alors que les ressources augmentent seulement de manière arithmétique. Il conclut à une concurrence inévitable provoquant des crises démographiques. Sa théorie simpliste, basée sur des hypothèses d'une puissante natalité, n'a reçu aucune confirmation à ce jour, et aurait même été plusieurs fois infirmée.

13. Darwin C., 1859, *On the Origin of Species by Means of Natural Selection, or the Preservation of Favoured Races in the Struggle for Life*, John Murray.

14. « Tout le problème biologique se concentre donc sur sa dimension historique » (Meyer F., 1969, *Situation épistémologique de la biologie*, Gallimard) ou encore « La biologie fait du temps l'un de ses principaux paramètres » (Jacob F., 1981, *Le Jeu des possibles. Essai sur la diversité du vivant*, Fayard).

15. La phalène est un petit papillon dont la couleur grise et blanche lui permet d'être dissimulé lorsqu'il repose sur les troncs de bouleau dans la journée. L'avènement de l'ère industrielle a permis que des variants sombres de la phalène puissent apparaître favorisés par le

coloris souillé de l'écorce sous l'effet des particules de charbon. On considère en général que cet exemple illustre la sélection naturelle par élimination des papillons de la couleur non adaptée au nouvel environnement, bien qu'il ne soit fait référence qu'aux oiseaux comme prédateurs potentiels, éliminant les phalènes blanches sur les troncs noirs. Les chauves-souris en font aussi une grande consommation. Cet exemple célèbre comprend en outre la sélection seulement à travers la mort des individus les « moins adaptés ».

16. On attribue à Lamarck l'idée que, obligés de brouter les feuilles des acacias, les ancêtres des girafes auraient allongé leur cou, laissant ce caractère à leur descendance. Au contraire, la théorie darwinienne annonce que ce caractère, apparu au hasard, s'est transmis, car seules ont survécu les girafes armées de ce long cou. Pourtant les choses ne sont pas aussi simples. Le texte original de Lamarck énonce : « Il est résulté de cette habitude, soutenue, depuis longtemps dans tous les individus de sa race, que ses jambes de devant sont devenues plus longues que celles de derrière, et que son col s'est tellement allongé, que la girafe, sans se dresser sur les jambes de derrière, élève sa tête et atteint à six mètres de hauteur soit près de vingt pieds. » Celui de Darwin dit : « La faculté de brouter au-dessus de la hauteur moyenne, et la destruction continue de ceux qui ne pouvaient pas atteindre la même hauteur, auraient suffi à produire ce quadrupède remarquable, mais *l'usage prolongé* de toutes les parties, ainsi que l'hérédité, ont dû aussi contribuer d'une manière importante à leur coordination. »

17. Revoir la note 15 sur la phalène du bouleau. Sommairement, le terme « sélection naturelle » signifie que les traits héréditaires qui favorisent la survie accroissent leur fréquence d'une génération à l'autre, autrement dit que les individus possédant ces traits favorables se répandent mieux que les autres, d'où l'idée courante qu'ils sont mieux adaptés à leur environnement, plus aptes à la survie.

18. « Il a dû en être des instincts ainsi que des modifications physiques du corps, qui, déterminées et augmentées par l'habitude et l'usage, peuvent s'amoindrir et disparaître par le défaut d'usage », écrit Darwin dans *L'Origine des espèces*. Mais il ajoute : « Quant aux effets de

NOTES ET RÉFÉRENCES BIBLIOGRAPHIQUES

l'habitude, je leur attribue, dans la plupart des cas, une importance moindre qu'à ceux de la sélection naturelle... »

CHAPITRE 2

Un besoin de relecture

1. Lucrèce, *De rerum natura*, livre V, 98-55 : « Toutes [les espèces] que tu vois respirer l'air vivifiant, c'est la ruse ou la force, ou enfin la vitesse qui, dès l'origine, les a défendues et conservées. »
2. « Les plus habiles observateurs n'ont donné après un travail de plusieurs années que des ébauches assez imparfaites des objets trop multipliés que présentent les branches de l'histoire naturelle. » Buffon G., 1749, *Histoire naturelle générale et particulière*.
3. « Ainsi, on peut assurer que cette apparence de stabilité des choses dans la nature sera toujours prise par le vulgaire des hommes, pour la réalité parce qu'en général on ne juge de tout que relativement à soi. » Lamarck J. B., 1809, *Philosophie zoologique*.
4. Pour Lamarck, « le temps est le grand ordonnateur ».
5. En 1749, Buffon avait déjà reconnu à l'espèce une définition très moderne : « On doit regarder comme la même espèce celle qui, au moyen de la copulation, se perpétue et conserve la similitude de cette espèce, et comme des espèces différentes celles qui, par les mêmes moyens, ne peuvent rien produire ensemble. » À rapprocher de la définition actuelle donnée par E. Mayr : « Une espèce est un groupe de populations interfécondes et reproductivement isolées de tout autre groupe de populations. »
6. « Ne pourrait-on pas expliquer par là comment de deux seuls individus la multiplication des espèces les plus dissemblables auraient pu s'ensuivre ? Elles n'auraient dû leur première origine qu'à quelques productions fortuites dans lesquelles les parties élémentaires n'auraient pas retenu l'ordre qu'elles tenaient dans les animaux pères et mères. Chaque degré d'erreur aurait ainsi fait une nouvelle espèce et à

force d'écarts répétés serait venue la diversité infinie des animaux que nous voyons aujourd'hui », écrit Pierre Louis de Maupertuis, 1745, *La Vénus physique*. Lamarck reprendra cette intuition géniale.

7. Dans la doctrine de l'ordre naturel issue du Moyen Âge, l'échelle des êtres ou *scala naturæ* établit que la nature est composée d'un ensemble de règnes hiérarchiques, minéral, végétal, animal, humain, ange et jusqu'à Dieu. Le manque de clarté de son exposé a conduit certains scientifiques, notamment Stephen Gould, à nier que Lamarck ait contesté cette idée qui, pourtant, semble étrangère à son propos. Lamarck souligne au contraire que, dans la nature, on ne trouve pas une échelle régulière des êtres, mais une graduation grossière. Il est même le premier à envisager une évolution en buisson. La « tendance apparente des êtres vivants à se complexifier » est, pour lui, la conséquence historique d'une évolution conçue comme un mécanisme physique. Et Gould oublie de souligner que c'est la théorie de la descendance qui explique l'évolution chez Lamarck, et non pas la complexité.

8. Oparin A. I., 1924, *The Origin of Life*, Moscow Worker Publisher.

9. Tort P., 2000, *Darwin et la science de l'évolution*, Gallimard.

10. Il semble (selon le dernier livre de Gould) que Darwin ait puisé certains concepts dans les travaux des économistes comme Adam Smith pour la concurrence sans fin et Jeremy Bentham pour la maximisation des êtres vivants et l'optimisation des procédures.

11. « Il est curieux de voir comment Darwin retrouve chez les bêtes et les végétaux sa société anglaise avec la division du travail, la concurrence, l'ouverture de nouveaux marchés, les "inventions" et la "lutte pour la vie" de Thomas Malthus. C'est le *bellum omnium contra omnes* [la guerre de tous contre tous] de Hobbes, et cela fait penser à la phénoménologie de Hegel, où la société bourgeoise figure sous le nom de "règne animal intellectuel", tandis que chez Darwin, c'est le règne animal qui fait figure de société bourgeoise. » Lettre de Marx à Engels, 18 juin 1862. Et Engels ne change pas d'avis puisqu'en 1875 (lettre à Lavrov du 12 [17] novembre 1875), il écrit : « Toute doctrine darwiniste de la lutte pour la vie n'est que la transposition pure et simple, du

NOTES ET RÉFÉRENCES BIBLIOGRAPHIQUES

domaine social dans la nature vivante, de la doctrine de Hobbes : *bellum omnium contra omnes* et de la thèse de la concurrence chère aux économistes bourgeois, associée à la théorie malthusienne de la population. Après avoir réalisé ce tour de passe-passe [...], on retranspose les mêmes théories cette fois de la nature organique dans l'histoire humaine, en prétendant que l'on a fait la preuve de leur validité en tant que lois éternelles de la société humaine. Le caractère puéril de cette façon de procéder saute aux yeux, il n'est pas besoin de perdre son temps à en parler. »

12. Loison L., 2010, *Qu'est-ce que le néolamarckisme ?*, Vuibert.

13. Article daté de mars 2012, dans cette encyclopédie, mais on trouve d'autres encyclopédies ou livres de vulgarisation qui répètent cette même confusion avec d'autres exemples.

14. « Nous devons traiter les espèces comme de simples combinaisons artificielles inventées par commodité », précise Darwin.

15. Gould S. J., 1986, *Le Pouce du panda*, LGF.

16. « Je suis presque convaincu (d'une manière assez opposée à mon opinion de départ) que les espèces ne sont pas immuables. » Darwin C., 1848.

17. Alfred Russell Wallace a rédigé « On the tendency of varieties to depart indefinitely from the original type ». L'article a été refusé plusieurs fois avant que Wallace ne réussisse à le publier en juillet 1858 dans les *Proceedings of the Linnean Society of London*, 3, p. 53-62, soit quelques mois avant la publication du livre de Darwin.

18. À la suite du travail de Wallace, une publication commune a été rédigée en août 1858 : Darwin C. R., Wallace A. R., 1858, « On the tendency of species to form varieties ; and on the perpetuation of varieties and species by natural means of selection », *Proceedings of the Linnean Society of London*, 3, p. 45-50, communication par Sir Charles Lyell. Puis Darwin écrit son ouvrage majeur *De l'origine des espèces au moyen de la sélection naturelle, ou la préservation des races favorisées dans la lutte pour la vie* (titre original : *On the Origin of Species by Means of Natural Selection, or the Preservation of Favoured Races in the*

Struggle for Life) dont la première publication est faite en novembre 1859.

19. Mais c'est généralement l'édition corrigée de 1896 qui fait référence.

20. Les lacunes du registre fossile engendrent selon Darwin « la plus évidente et la plus grave objection qui peut être élevée contre ma théorie ».

21. Il faut souligner l'introduction d'un matérialisme scientifique avec le principe évolutionniste de sélection naturelle. La sélection agit en aveugle sur les êtres vivants et seuls les survivants peuvent se reproduire.

22. Pichot A., 1999, *Histoire de la notion de gène*, Flammarion.

23. Darwin publie en 1868, soit neuf ans après la première publication de *De l'origine*, un livre vantant le mécanisme de l'hérédité des acquis, *The Variation of Animals and Plants Under Domestication*.

24. Darwin était critique sur Lamarck et sur l'hypothèse d'une « volonté » de changer qu'il lui attribue. Mais il triche un peu, car Lamarck parle moins de volonté que d'usage – cette légende de la volonté a été diffusée par Cuvier. Lyell, dans ses lettres, corrige « la théorie lamarckienne que vous avez développée ». Il ajoute : « Lamarck rendit à la science l'éminent service de déclarer que tout changement dans le monde organique [...] est le résultat d'une loi et non d'une intervention miraculeuse [...]. Vous ne pouvez dire qu'à l'égard des animaux, vous substituez la sélection naturelle à son idée de la volonté car dans sa théorie des modifications des plantes, il ne pouvait pas parler de volonté et il l'a dit [...]. En revanche, Lamarck a sans doute à tort mis trop de phénomènes sur le compte des changements à cause des conditions physiques et pas assez à cause de la lutte des organismes entre eux [...]. »

25. Partisan convaincu de l'hérédité des caractères acquis par effet de l'environnement (c'était une idée courante au XIXe siècle), Darwin, probablement inspiré par Maupertuis, évoque l'existence de minuscules corpuscules, les *gemmules* que les organes produiraient en fonction de l'usage du corps, favorisant la transmission des caractères

NOTES ET RÉFÉRENCES BIBLIOGRAPHIQUES

acquis (1868, *The Variation of Animals and Plants Under Domestication*, Orange Judd & Co).

26. Voir la note 16, chapitre 1 sur la girafe.

27. « À lui [Lamarck] revient l'impérissable gloire d'avoir, le premier, élevé la théorie de la descendance au rang d'une théorie scientifique indépendante, et d'avoir fait de la philosophie de la nature, la base solide de la biologie tout entière. » Haeckel E., 1877, *Histoire de la création des êtres organisés d'après les lois naturelles* (trad. de l'allemand, par le docteur C. Letourneau, C. Reinwald, Paris).

28. Friedrich August Weismann (1834-1914) aurait « réfuté » l'hypothèse de l'hérédité des caractères acquis en amputant la queue de plusieurs générations de souris, montrant par là que cette modification ne réussissait pas à se transmettre. En même temps, l'amputation artificielle ne constitue évidemment pas un caractère évolutif. « Je n'ai pas besoin de dire que le rejet de l'hérédité des mutilations ne tranche pas la question de l'hérédité des caractères acquis », avoue-t-il.

29. Cette notion, reprise à Spencer, est clairement posée chez Wallace, Weismann et Haeckel notamment.

30. « Étant donné que plus d'individus sont produits qu'il n'en peut survivre, il doit exister dans chaque cas une lutte pour l'existence, soit entre un individu et un autre individu de la même espèce, soit entre individus d'espèces différentes. » Darwin C., 1859, *De l'origine des espèces*. On constate combien cette idée est inspirée de Malthus dont les hypothèses ont pourtant été largement récusées.

31. « Ces formes abstraites sont des solutions optimales […], elles ont été choisies dans des groupes distincts car il s'agit de la *meilleure voie* menant à l'adaptation. » Gould S., 1986, *Le Pouce du panda*, LGF.

32. Freud S., 1921, *Psychologie collective et analyse du moi*, OCF/P, XVI, PUF.

33. Féministe et scientifique, Clémence Royer s'est vu confier en 1862 la première traduction française de *De l'origine des espèces*. La traductrice ajoute une longue préface appuyant son interprétation eugéniste de l'ouvrage, et soulignant le progrès de la science contre la religion. Elle y développe une argumentation pour l'application de la

sélection naturelle aux « races humaines » et refuse la protection sociale accordée aux « faibles ».

CHAPITRE 3

La rénovation théorique

1. La théorie initialement présentée par Julian Huxley en 1942, *Evolution, the Modern Synthesis*, John Wiley & Sons, est ensuite élégamment reprise par Ernst Mayr dans deux ouvrages majeurs : *Animal Species and Evolution*, Harvard University Press, 1963 et *Populations, Species and Evolution*, Harvard University Press, 1970.

2. Mendel G., 1866, « Versuche über Pflanzenhybriden », *Verhandlungen des naturforschenden Vereines in Brünn*, Bd. IV, Abhandlungen, p. 3-47.

3. Hugo Marie De Vries (1848-1935) fit le rapprochement entre sa découverte des mutations et le travail statistique effectué par Gregor Mendel sur les caractères phénotypiques. Le mot « gène » sera proposé ensuite par Wilhelm Johannsen.

4. Walter Sutton soupçonne en 1902 la fonction des *chromosomes* dans la reproduction du criquet ; il en déduit : « je peux finalement attirer l'attention sur la probabilité que l'association des chromosomes paternels et maternels dans les paires et leur séparation pendant la réduction chromatique [...] peut constituer la base physique des lois de l'hérédité mendélienne. » Sutton W., 1902, « On the morphology of the chromosom group in *Brachystola magna* », *Biol. Bull.*, 4, p. 24-39.

5. Avery O. T., MacLeod C. M., McCarty M., 1944, « Studies on the chemical nature of the substance inducing transformation of pneumococcal types : Induction of transformation by a desoxyribonucleic acid fraction isolated from *Pneumococcus* type III », *Journal of Experimental Medicine*, 79 (2), p. 137-158.

6. En biologie, l'héritage ou l'hérédité est la transmission d'un caractère phénotypique, et la biologie évolutive admet que l'hérédité

concerne aussi les traits comportementaux. Bien avant d'être reprise en biologie, l'hérédité décrit une transmission par héritage comme si l'appropriation d'un patrimoine était un recours *naturel*. Or l'héritage n'est pas un concept neutre, c'est un moyen de transmettre le capital et de favoriser la reproduction des classes propriétaires. Le concept ne vaut en biologie que parce qu'il suppose un déterminisme obligatoire et strict des gènes parentaux. Il est donc discutable.

7. Thomas Hunt Morgan (1866-1945) mit en évidence au cours de croisements expérimentaux des drosophiles que certains allèles récessifs entraînaient des modifications de l'aile de la mouche, la rendant inapte au vol. Il en est ainsi d'un autre caractère récessif, l'œil blanc qui diminue aussi la survie de l'animal.

8. La drépanocytose est une anomalie génétique. Elle entraîne une déformation des globules rouges qui empêche le parasite du paludisme de rentrer dans la cellule. Les hétérozygotes pour ce gène s'avèrent donc en partie protégés de la malaria quand, au contraire, les homozygotes subissent les effets mortels de la déformation entraînant une mauvaise oxygénation des organes.

9. Hull D., 1974, *Philosophy of Biological Science*, Prentice-Hall.

10. La *théorie de l'optimalisation* suppose que l'évolution des caractères ne peut qu'entraîner une amélioration des procédures organiques. Très présente dans le néodarwinisme, cette idée matérialiste ancre une sorte de téléologie, voire l'idée d'un progrès continu sous l'effet des mécanismes physiques.

11. Pour Lamarck, la complexité est la conséquence historique de la dynamique *interne* des êtres vivants, depuis les infusoires jusqu'aux formes animales, et n'a rien d'un projet : « Ce fait bien reconnu peut nous fournir les plus grandes lumières sur l'ordre même qu'a suivi la nature dans la production de tous les animaux qu'elle a fait exister ; mais il ne nous montre pas pourquoi l'organisation des animaux, dans sa composition croissante, depuis les plus imparfaits jusqu'aux plus parfaits, n'offre qu'une gradation irrégulière, dont l'étendue présente quantité d'anomalies ou d'écarts qui n'ont aucune apparence d'ordre dans leur diversité. »

12. Morange M., 2003, *La Vie expliquée*, Odile Jacob.

13. La *fitness*, ou *succès reproducteur* ou encore *valeur sélective*, est le concept majeur de la théorie de l'évolution, qui se définit par l'aptitude d'un individu disposant d'un certain génotype à se reproduire. La *fitness* mesure la sélection naturelle.

CHAPITRE 4

Le gène égoïste

1. Mayr E., 1970, *Populations, Species and Evolution*, Harvard University Press.

2. « Chaque gène mène sa propre guerre égoïste [...] dans l'ensemble génique, sexuellement agité, qu'est son environnement, afin de construire avec eux des corps. » Dawkins R., 2008, *Ancestor's Tale*, Houghton Mifflin.

3. Dawkins R., 1996, *Le Gène égoïste*, Odile Jacob, et aussi Hamilton W. D., 1964, « The genetical evolution of social behaviour. I », *J. Theor. Biol.*, 7, p. 1-16.

4. Définie par Dawkins, l'*inclusive fitness hypothesis*, à partir de Hamilton W. D., 1964, « The genetical evolution of social behaviour. I », *J. Theor. Biol.*, 7, p. 1-16.

5. « La lutte pour la vie [est] bien plus sévère *entre les individus et les variétés de la même espèce* » (« *Struggle for life, most severe between individuals and varieties of the same species* »). Darwin C., 1859, *De l'origine des espèces*.

6. La dérive génétique est l'ensemble des modifications de fréquence des allèles d'une population ou d'une espèce causées par des phénomènes aléatoires indépendants de la sélection ou des migrations.

7. Le vaste projet de séquençage du génome humain, ou HGP, a été lancé en 1990 et fut annoncé comme terminé en 2004. On peut comparer la modeste publication des résultats (« Finishing the euchromatic sequence of the human genome », *Nature*, 2004, 431, p. 931-945)

NOTES ET RÉFÉRENCES BIBLIOGRAPHIQUES

aux triomphales promesses attendues qui avaient été largement publiées. Voir aussi Schmutz J., 2004, « Quality assessment of the human genome sequence », *Nature*, 429, p. 365-368.

8. Et plus particulièrement encore les termes de E. Mayr.

9. Kimura M., 1983, *The Neutral Theory of Molecular Evolution*, Cambridge University Press. Pour les néodarwiniens, et Ernst Mayr notamment, l'existence des gènes neutres est une absurdité en théorie, mais l'idée d'évolution neutraliste, pourtant contraire au néodarwinisme forcément adaptationniste, va peu à peu s'imposer avec la génétique des populations au point de devenir un concept important avec la « dérive génétique ».

10. Duncan R. A., Pyle D. G., 1988, « Rapid eruption of the Deccan flood basalts at the Cretaceous/Tertiary boundary », *Nature*, 333, p. 841-843.

11. Alvarez L. W., Alvarez W., Asaro F., Michel H. V., 1980, « Extraterrestrial cause for the Cretaceous-Tertiary extinction », *Science*, 208, p. 1095-1108.

12. Lagos-Quintana M., Rauhut R. L. et Tuschl W., 2001, « Identification of novel genes coding for small expressed RNAs », *Science*, 294, p. 853-858.

13. On nomme *spéciation sympatrique* la différenciation en deux espèces distinctes à partir d'une population résidant dans un seul lieu. Le facteur de rupture des flux de gènes doit alors être cherché dans une reproduction préférentielle pour des variants de l'une ou de l'autre forme. Voir par exemple Lodé T., 2001, « Genetic divergence without spatial isolation in polecat *Mustela putorius* populations », *J. Evol. Biol.*, 14, p. 228-236 ou Barluenga M. *et al.*, 2006, « Sympatric speciation in Nicaraguan crater lake cichlid fish », *Nature*, 439, p. 719-723. L'existence d'activité sexuelle tournée vers le même sexe ou de spéciation sympatrique heurte de plein fouet la théorie synthétique et a souvent été niée ou réduite. Ces événements contredisent notamment les conceptions de ruptures des flux ou d'optimalité qui ont longtemps été considérées comme impossibles en sympatrie du point de vue néodarwiniste.

14. Ce néologisme désigne l'introduction d'espèces allochtones au sein des faunes indigènes.
15. Bachelard G., 1938, *La Formation de l'esprit scientifique*, Vrin.

CHAPITRE 5

Le néolamarckisme

1. Et par Cuvier lui-même qui interdit aux transformistes l'accès aux collections et à de nombreux journaux scientifiques. Cuvier est resté toute sa vie l'opposant du transformisme de Lamarck, qu'il a toujours raillé.

2. L'action du milieu reste donc indirecte chez Lamarck. Ces besoins génèrent de nouvelles habitudes entraînant des modifications, lesquelles, si les deux sexes se reproduisent, deviennent héréditaires.

3. Voir Goulven L. (éd.), 1994, *Jean-Baptiste Lamarck : 1744-1829*, Actes du 119e Congrès national des Sociétés historiques et scientifiques, section d'histoire des sciences et des techniques.

4. Loison L., 2010, *Qu'est-ce que le néolamarckisme ?*, Vuibert.

5. « Ainsi, des êtres qui seraient différents de leurs ascendants pourraient, à l'instar des monstruosités par rapport à leurs tiges maternelles, provenir de ces anciennes souches [...] d'où les crocodiles de l'époque actuelle peuvent descendre par une succession ininterrompue des espèces antédiluviennes, retrouvées aujourd'hui à l'état fossile sur notre territoire. » Geoffroy Saint-Hilaire E., 1825, d'après Grimoult C., 2001, *L'Évolution biologique en France : une révolution scientifique, politique et culturelle*, Droz.

6. Grassé P.-P., 1973, *L'Évolution du vivant. Matériaux pour une nouvelle théorie transformiste*, Albin Michel.

7. Que Darwin, dans *De l'origine des espèces*, avait nommé en 1859 les *fossiles vivants*. Afin de préserver l'unité de la théorie, il avait supposé que certaines espèces pouvaient avoir cessé d'évoluer. La théorie actuelle considère au contraire que cette apparente immobilité

NOTES ET RÉFÉRENCES BIBLIOGRAPHIQUES

des espèces n'a pas de réalité concrète, ne concernant que l'« apparence extérieure », mais que leur patrimoine génétique a changé.

8. Radicalement opposé au néodarwinisme, Richard Goldschmidt (Goldschmidt R., 1940, *The Material Basis of Evolution*, Yale University Press) fait l'hypothèse que des mutations, intervenant au cours du développement, pourraient engendrer en une seule fois des individus divergents adaptés à certaines conditions. Ce sont les « monstres prometteurs » (« *hopeful monsters* ») (Goldschmidt R., 1933, « Some aspects of evolution », *Science*, 78, p. 539-547) à qui la découverte des gènes homéotiques va donner une nouvelle modernité, bien que la théorie fût initialement considérée comme une hérésie. La thèse de Goldschmidt reste assez proche des travaux expérimentaux d'Étienne Geoffroy Saint-Hilaire et des hypothèses qu'il avait développées sur les monstruosités animales.

9. Lampert K. P. *et al.*, 2012, « Population divergence in East African coelacanths », *Current Biology*, 22, p. 439-440.

10. Waddington C. H. (éd.), 1968-1972, *Towards a Theoretical Biology*, Edinburgh University Press, 4 vol.

11. Jablonka E., Lamb M. J., 1995, *Epigenetic Inheritance and Evolution : The Lamarckian Dimension*, Oxford University Press. L'épigénétique est clairement annoncée comme un mécanisme lamarckien.

12. Pisco A. O. *et al.*, 2013, « Non-darwinian dynamics in therapy-induced cancer drug resistance », *Nature Communications*, 4, 2467.

13. Rassoulzadegan M. *et al.*, 2006, « RNA-mediated non-mendelian inheritance of an epigenetic change in the mouse », *Nature*, 441, p. 469-474.

14. Les piRNAs ou piwi-interacting RNAs constituent un ensemble de minuscules molécules d'ARN d'origine maternelle, exprimées dans les cellules des eucaryotes (Brennecke J. *et al.*, 2008, « An epigenetic role for maternally inherited piRNAs in transposon silencing », *Science*, 322, 1387-1392).

15. « Les modalités évolutives à la fois darwinienne et lamarckienne paraissent importantes et reflètent différents aspects des

interactions entre les populations et l'environnement. » Koonin E. V., Wolf Y. I., 2009, « Is evolution darwinian or/and lamarckian ? », *Biology Direct*, 4, p. 42.

16. Horvath P., Barrangou R., 2010, « CRISPR/Cas, the immune system of bacteria and archaea », *Science*, 327, p. 167-170.

17. Proposée par Paul Portier en 1919, dans son livre *Les Symbiotes*, la théorie endosymbiotique de l'évolution a été reprise par Lynn Margulis (Margulis L., 1970, *Origin of Eukaryotic Cells*, Yale University Press) et énonce que des inclusions cellulaires telles les mitochondries résultent de l'insertion d'organismes procaryotes archaïques. Cela a été vérifié à partir des α-protéo-bactéries pour les mitochondries par exemple.

18. Arnold M. L., 1996, *Natural Hybridization and Evolution*, Oxford University Press.

19. Raoult D., 2011, *Dépasser Darwin*, Plon.

20. Gregg C. et al., 2010, « Sex-specific parent-origin allelic expression in the mouse brain », *Science*, 329, p. 682-685.

21. Amzallag G. N., 2003, *L'Homme végétal. Pour une autonomie du vivant*, Albin Michel ; ou Pichot A., 2011, *Expliquer la vie. De l'âme à la molécule*, Quae.

22. C'est aussi ce que Margulis conclut à propos des endosymbioses : « Nous avons un lamarckisme après tout, voilà un héritage des génomes acquis. »

CHAPITRE 6

Créationnisme et eugénisme

1. Voir Freud S. [1927], 1980, *L'Avenir d'une illusion*, PUF ; et Onfray M., 2005, *Traité d'athéologie*, Grasset.

2. Le *procès Scopes*, plus connu sous le nom de *procès du singe* (Scopes Monkey Trial), est un célèbre procès qui eut lieu à Dayton, Tennessee, aux États-Unis en juillet 1925. Il opposa les

fondamentalistes chrétiens qui refusaient l'usage d'un manuel traitant de la théorie évolutive. Bien que le procès ait été perdu par les évolutionnistes, il constitua par son retentissement une formidable promotion du darwinisme.

3. Le projet d'émancipation des femmes fut toutefois initié par Olympe de Gouges dès 1792.

4. Le pape Jean-Paul II, par exemple, a dénoncé lui-même l'évolution biologique dans une déclaration du 22 octobre 1996 : « En conséquence, les théories de l'évolution qui, en fonction des philosophies qui les inspirent, considèrent l'esprit comme émergeant des forces de la matière vivante ou comme un simple épiphénomène de cette matière, *sont incompatibles avec la vérité de l'homme et la foi.* »

5. Le patriarcat reste d'une grande violence inégalitaire. Aucune des rares sociétés matrilinéaires (comme les Sauromates, image reprise par Xéna la guerrière et sa Reine autorisant une certaine suprématie de la femme) n'a eu de tels impacts.

6. Initié aux États-Unis par le Discovery Institute. Padian K., Matzke N., 2009, « Darwin, Dover, "Intelligent Design" and textbooks », *Biochemical Journal*, 417 (1), p. 29.

7. William Paley (1743-1805), pasteur, l'un des professeurs qui a marqué Darwin, a énoncé ses arguments créationnistes dans son livre de 1803 *Natural Theology*.

8. L'argument de la montre et du grand horloger est l'exemple récurent de complexité irréductible selon laquelle les systèmes vivants sont trop complexes pour avoir été produits par la nature. « La machine que nous avons sous les yeux démontre par sa construction une invention et un dessein. L'invention suppose un inventeur, et le dessein un être intelligent », énonce Paley.

9. Voir, par exemple, Barton N. H., Charlesworth B., 1998, « Why sex and recombination ? », *Science*, 281, p. 1986-1990 ; Otto S. P., Lenormand T., 2002, « Resolving the paradox of sex and recombination », *Nat. Rev. Genet.*, 3, p. 252-261 ; ou encore Lodé T., 2012, « Sex and the origin of genetic exchanges », *Trends Biol. Evol.*, 4, e1.

10. Tort P., 1983, *La Pensée hiérarchique et l'évolution*, Aubier ; Tort P., 2000, *Darwin et la science de l'évolution*, Gallimard.

11. « Nous autres hommes civilisés, au contraire, faisons tout notre possible pour mettre un frein au processus de l'élimination ; nous construisons des asiles pour les idiots, les estropiés et les malades ; nous instituons des lois sur les pauvres ; et nos médecins déploient toute leur habileté pour conserver la vie de chacun jusqu'au dernier moment. Il y a tout lieu de croire que la vaccination a préservé des milliers d'individus qui, à cause d'une faible constitution, auraient autrefois succombé à la variole. Ainsi, les membres faibles des sociétés civilisées propagent leur nature et, en conséquence, nous devons subir sans nous plaindre les effets incontestablement mauvais générés par les faibles qui survivent et propagent leur espèce. Tous ceux qui connaissent l'élevage d'animaux domestiques ne peuvent douter combien cela est préjudiciable à la race de l'homme. Il est surprenant de constater combien un manque de soins, ou des soins dirigés à tort, conduisent à la dégénérescence d'une race domestique ; mais, excepté dans le cas de l'homme lui-même, personne n'est assez ignorant pour permettre à ses pires animaux de se reproduire. L'aide que nous nous sentons poussés à donner aux indigents est principalement un résultat accidentel de l'instinct de sympathie, qui a été acquis à l'origine dans le cadre des instincts sociaux mais par la suite rendu, de la manière indiquée précédemment, plus tendre et diffusé plus largement. Nous ne pourrions pourtant changer notre bienveillance, même à l'instigation d'une raison forte, sans connaître une détérioration de la partie la plus noble de notre nature. Le chirurgien peut s'endurcir tout en effectuant une opération, car il sait qu'il agit pour le bien de son patient, mais si nous voulions volontairement négliger les faibles et les sans défenses, cela ne serait que pour un bénéfice réversible et contre un écrasant péché présent [...]. Nous devons donc assumer sans aucun doute les mauvais effets de la survie des faibles et de la propagation de leur genre ; mais il semble y avoir au moins un contrôle constant, c'est que les membres faibles et inférieurs de la société ne se marient pas aussi librement que les individus sains ; et ce frein pourrait être augmenté

NOTES ET RÉFÉRENCES BIBLIOGRAPHIQUES

indéfiniment, bien que cela relève plus de l'espoir que de l'attente, par le fait que les faibles de corps ou d'esprit ne se marient pas aussi librement. » Darwin C., 1871, *La Descendance de l'homme (The Descent of Man, and Selection in Relation to Sex*, John Murray).

12. Par exemple : « Et c'est principalement grâce à leur pouvoir que les races civilisées se répandent et sont en train de se répandre partout, jusqu'à prendre la place des races inférieures. » Darwin C., 1871, *La Descendance de l'homme*.

13. Le biométricien Francis Galton (1822-1911), auteur du *Génie héréditaire* (1869), convaincu des bienfaits du racisme et darwinien, est le fondateur de l'eugénisme scientifique en 1883.

14. D'après Kevles D., 1985, *In the Name of Eugenics : Genetics and the Uses of Human Heredity,* Knopf ; il y eut même plus de 64 000 stérilisations pour les seuls handicapés selon Lombardo P., *Eugenic Sterilization Laws*, Eugenics Archive.

15. Ward M. C., 1986, *Poor Women, Powerful Men : America's Great Experiment in Family Planning*, Westview Press.

16. Dans son livre *Les Émules de Darwin*, Armand de Quatrefages, le découvreur de Cro-Magnon, s'oppose aux théories darwiniennes et notamment à l'application du darwinisme à l'espèce humaine.

17. Notamment Giard, Le Dantec, Perrier, Rabaud, Grassé, etc.

18. Certes les effarantes considérations de Cesare Lombroso sont officiellement écartées aujourd'hui en biologie, mais son postulat fondamental repose sur l'idée naïve d'un déterminisme étroit du gène codant pour des comportements. Pourtant, cette spéculation reste utilisée dans les sciences des comportements, notamment en « sociobiologie » ou en « écologie comportementale » et seule la morale du chercheur en limite l'usage. Voir, par exemple, Wright R., 1995, *L'Animal moral. Psychologie évolutionniste et vie quotidienne*, Michalon, qui n'hésite pas à établir d'étroites relations entre gènes, cerveau et comportements humains.

19. Le syndrome 47 est attribué aux porteurs de l'anomalie chromosomique XYY. Voir aussi les problèmes dénoncés par le Nuffield Council on Bioethics.

20. Voir Pichot A., 2000, *La Société pure. De Darwin à Hitler*, Flammarion.
21. Darwin C., 1871, *La Descendance de l'homme*.
22. Pichot A., 1993, *Histoire de la notion de vie*, Gallimard.
23. « No newborn infant should be declared human until it has passed certain tests regarding its genetic endowment and that if it fails these tests it forfeits the right to live. » Crick F., *Pacific News Service*, janvier 1978.
24. Émile Zola, l'auteur du fameux « J'accuse », est mort d'asphyxie en 1902, mais on a présumé, selon un article de *Libération* de 1953, que son décès par monoxyde de carbone a pu être volontairement causé par l'installation d'étoupe dans sa cheminée par un militant d'extrême droite de la ligue des patriotes, Henri Buronfosse, dont le métier était fumiste et qui se serait vanté plus tard d'avoir tué Zola.

CHAPITRE 7

Une nécessaire critique

1. Gustave Le Bon, 1879, médecin, anthropologue : « Tous les psychologistes qui ont étudié l'intelligence des femmes [...] reconnaissent aujourd'hui qu'elles représentent les formes les plus inférieures de l'évolution humaine et sont beaucoup plus près des enfants et des sauvages que de l'homme adulte civilisé. » Mais on peut aussi se référer à Shaywitz B. A. *et al.*, 1995, « Sex differences in the functional organization of the brain for language », *Nature*, 373, p. 607-609 ; ou encore à Kimura D., 1996, « Sex, sexual orientation and sex hormones influence human cognitive function », *Curr. Op. Neurobiol.*, 6, p. 259-263.
2. La citation entière n'empêche rien : « L'homme a fini ainsi par devenir supérieur à la femme. Pour rendre la femme égale à l'homme, il faudrait qu'elle fût dressée, au moment où elle devient adulte, à l'énergie et à la persévérance, que sa raison et son imagination fussent exercées au plus haut degré, elle transmettrait probablement alors ces

qualités à tous ses descendants, surtout à ses filles adultes. La classe entière des femmes ne pourrait s'améliorer en suivant ce plan qu'à une seule condition, c'est que, pendant de nombreuses générations, les femmes qui posséderaient au plus haut degré les vertus dont nous venons de parler produisissent une plus nombreuse descendance que les autres femmes. Ainsi que nous l'avons déjà fait remarquer à l'occasion de la force corporelle, bien que les hommes ne se battent plus pour s'assurer la possession des femmes, et que cette forme de sélection ait disparu, ils ont généralement à soutenir, pendant l'âge mûr, une lutte terrible pour subvenir à leurs propres besoins et à ceux de leur famille, ce qui tend à maintenir et même à augmenter leurs facultés mentales, et, comme conséquence, l'inégalité actuelle qui se remarque entre les sexes. » (Darwin C., 1871, *La Descendance de l'homme*). Remarquez aussi le « surtout à ses filles » et l'eugénisme du propos.

3. Julie-Victoire d'Aubier a obtenu son bac en 1861, mais l'université n'a vraiment ouvert ses portes qu'en 1880. Voir Sigrist N., 2009, « Les femmes et l'université en France, 1860-1914 », *Histoire de l'éducation*, 122, p. 53-70.

4. Gowaty P. A., 1982, « Sexual terms in sociobiology : Emotionally evocative and paradoxically, jargon », *Animal Behaviour*, 30, p. 630-631 ; Gowaty P. A., 1992, « Evolutionary biology and feminism », *Human Nature*, 3, p. 217-249.

5. Lodé T., 2006, *La Guerre des sexes chez les animaux*, Odile Jacob.

6. Voir Leibniz G. : « Je me sens libre parce que je ne connais pas les causes qui me font agir. »

7. Kierkegaard S. [1844], 1988, *Le Concept de l'angoisse*, Gallimard, « Folio Essais ». Et Sartre J.-P., 1946, *L'existentialisme est un humanisme*, Gallimard : « Être libre ne signifie nullement obtenir ce qu'on a voulu, mais se déterminer à vouloir – au sens large de choisir – par soi-même. Autrement dit, le succès n'importe aucunement à la liberté. »

8. Par exemple, Gavrilets S., 2000, « Rapid evolution of reproductive barriers driven by sexual conflict », *Nature*, 403, p. 886-889.

9. Cette fable provient de Cuvier qui multipliait les caricatures du lamarckisme : « Les canards à force de plonger devinrent des brochets ; les brochets à force de se trouver à sec se changèrent en canards ; les poulets en cherchant leur pâture au bord des eaux, et en s'efforçant de ne pas se mouiller les cuisses, réussirent si bien à s'allonger les jambes qu'ils devinrent des hérons ou des cigognes. Ainsi se formèrent par degré les cent mille races diverses, dont la classification embarrasse si cruellement la race malheureuse que l'habitude a changé en naturalistes. » Cuvier G., 1832, éloge funèbre de Lamarck.

10. Il existe ainsi même une éthologie des organismes les plus primitifs, comme dans le cas de l'orientation des paramécies dans l'espace, de la capture de nématodes par *Arthrobotrys dactyloides* ou encore du comportement disséminateur des plantes.

11. Il semble que sous la stimulation d'un M-CSF (*macrophage colony-stimulating factor*), la cellule souche produise rapidement les cellules les plus adaptées à la situation. Voir Mossadegh-Keller N. *et al.*, 2013, « M-CSF instructs myeloid lineage fate in single haematopoietic stem cells », *Nature*, 497, p. 239-243.

12. Eugenius Warming publie en 1895 *Plantesamfund*, l'un des premiers ouvrages sur l'écologie des plantes, où il répertorie les successions végétales et nombre de mutualismes.

13. Kropotkine P. [1902], 2001, *L'Entraide, un facteur de l'évolution*, Écosociété.

14. Haldane J. B. S., 1948, *Science, marxisme, guerre*, Éditions du Pavillon.

15. « On peut assurer que parmi ses productions, la nature n'a réellement formé ni classes, ni ordres, ni familles, ni genres, ni espèces constantes, mais seulement des individus qui se succèdent les uns aux autres. » Lamarck J. B., 1809, *Philosophie zoologique*.

16. Mayr E., 1963, *Animal Species and Evolution*, Harvard University Press : « L'espèce est un groupe de populations naturelles potentiellement ou réellement interfécondes qui sont reproductivement isolées de tout autre groupe de populations. » On constate l'incroyable

NOTES ET RÉFÉRENCES BIBLIOGRAPHIQUES

proximité de cette définition avec celle de Buffon. Voir aussi Mayr E., 1996, « What is a species, and what is not ? », *Phil. Sc.*, 63, p. 262-277.

17. Hennig W., 1966, *Phylogenetic Systematics*, Illinois University Press.

18. « Comme la sélection naturelle n'agit qu'en accumulant des variations légères, successives et favorables, elle ne peut pas produire des modifications considérables ou subites. » Darwin C., *De l'origine des espèces*, édition de 1896.

19. Eldredge N., Gould S. J., 1972, « Punctuated equilibria : an alternative to phyletic gradualism », *in* T. J. M. Schopf (éd.), *Models in Paleobiology*, Freeman Cooper, p. 82-115.

20. Dans le dernier livre de Gould S. J., 2002, *The Structure of Evolutionary Theory*, Harvard University Press.

21. Gould S. J., 2002, *The Structure of Evolutionary Theory*, Harvard University Press.

22. Van Valen L., 1973, « A new evolutionary law », *Evolutionary Theory*, 1, p. 1-30.

23. Parcker G. A., Maynard-Smith J., 1990, « Optimization and evolutionary biology », *Nature*, 348, p. 27.

24. Le principe d'auto-organisation, formulé par Ashby en 1947, énonce qu'un système évolue spontanément vers un état d'équilibre : Ashby W. R., 1962, « Principles of the self-organizing system », *in* H. von Foerster et G. W. Zopf jr, *Principles of Self-Organization*, Pergamon Press, p. 255-278 ; ou encore Atlan H., 1979, *Entre le cristal et la fumée*, Seuil.

25. Jacob F., 1970, *La Logique du vivant*, Gallimard ; Monod J., 1970, *Le Hasard et la Nécessité*, Seuil.

26. Car, bien plus que du hasard, il s'agit de contingence. Les faits, pour aléatoires qu'ils soient, restent probabilistes. Le mot « hasard » signifie seulement que nous devons reconnaître que certaines séries de faits, qui engendrent un événement, restent indéchiffrables selon la définition même de l'événement fortuit de Poincaré (Voir Lodé T., 2011, *La Biodiversité amoureuse*, Odile Jacob).

27. Le vitalisme est une doctrine qui, depuis Aristote, énonce qu'il existe en chaque être vivant un « principe vital ». Il fut défendu par Barthez P. J., 1778, *Nouveaux éléments de la science de l'homme*, et par Bichat M. F. X., 1800, *Recherches physiologiques sur la vie et la mort*, mais cette notion a été fermement critiquée par Lamarck.

28. Lamarck J. B., 1802, *Recherches sur l'organisation des corps vivants*.

29. Gould S. J., Vrba E., 1982, « Exaptation – a missing term in the science of form », *Paleobiology*, 8, p. 4-15.

30. Mayr E., 1961, « Cause and effect in biology », *Science*, 134, p. 1501-1506.

31. Nirenberg M. W., Matthaei, H. J., 1961, « The dependence of cell-free protein synthesis in *E. coli* upon naturally occurring or synthetic polyribonucleotides », *Proceedings of the National Academy of Sciences of the United States of America*, 47 (10), p. 1588-1602.

32. « Le code n'a pas de sens à moins d'être traduit. » Monod J., 1970, *Le Hasard et la Nécessité*, Seuil.

33. Les ARN nucléaires des complexes d'épissage, les rétrovirus et même la télomérase peuvent tous un jour avoir été des rétrotransposons. Voir Ferrigno O. *et al.*, 2001, « Transposable B2 SINE elements can provide mobile RNA polymerase. II promoters », *Nat. Genet.*, 2001, 28, p. 77-81.

34. Rassoulzadegan M. *et al.*, 2006, « RNA-mediated non-mendelian inheritance of an epigenetic change in the mouse », *Nature*, 441, p. 469-474.

35. Atlan H., 1999, *La Fin du tout génétique*, INRA.

36. Noble D., 2007, *La Musique de la vie*, Seuil.

37. Kupiec J.-J., Sonigo P., 2000, *Ni Dieu ni gènes*, Seuil.

38. Lodé T., 2011, *La Biodiversité amoureuse*, Odile Jacob.

39. « Les catégories étant dépourvues de sens, les estimations le sont aussi », rappelle Langaney A., 2012, *Ainsi va la vie. La science au jour le jour*, Sang de la Terre.

NOTES ET RÉFÉRENCES BIBLIOGRAPHIQUES

CHAPITRE 8
Évolution et libre-échange

1. Haldane J. B. S., 1948, *Science, marxisme, guerre*, Éditions du Pavillon.
2. La crise de la tulipe, vers 1637, est généralement présentée comme l'effondrement d'une bulle spéculative fondée sur le marché du bulbe. Goldgar A., 2007, *Tulipmania : Money, Honor, and Knowledge in the Dutch Golden Age*, Chicago University Press.
3. Trivers R. L., 2011, *Deceit and Self-deception, Fooling Yourself. The Better to Fool Others*, A. Lane.
4. Tordjman H., 2008, « La construction d'une marchandise : le cas des semences », *Annales, histoire, sciences sociales*, 63, p. 1341-1368.
5. Voir, comme exemple de dons et contre-dons avec les expéditions *kula*, Malinovski B. [1921], 1963, *Les Argonautes du Pacifique occidental*, Gallimard ; Malinovski B. [1927], 1976, *La Sexualité et sa répression dans les sociétés primitives*, Payot. Voir aussi Van der Post L., 1958, *The Lost World of the Kalahari*, Hogarth Press ; Malaurie J., 1976, *Les Derniers Rois de Thulé*, Plon ; Mead M., 1982, *Mœurs et sexualité en Océanie*, Plon ; Taurines R., 2006, *Yanomami fils de la Lune*, Du Mont. Récemment le livre de Athané F., 2011, *Pour une histoire naturelle du don*, PUF, fournit une analyse détaillée de l'existence sociale et l'importance de cette pratique.
6. Il faut se souvenir combien, dans *Les Oiseaux*, Aristophane se plaint de l'invasion de l'Agora par les marchands.
7. Marx K. [1867], 1969, *Le Capital*, Éditions sociales.
8. Ainsi que le développe le socio-philosophe Max Weber dans *Le Savant et le Politique*, 1919. Il faut aussi remarquer combien les commerçants sont de plus en plus considérés par les États comme méritant une protection supérieure aux autres citoyens, renforçant l'inégalité de traitement.

9. Que l'on songe aux inventions d'Archimède ou de Léonard de Vinci.

10. Cet avertissement d'une lettre de Gargantua figure dans Rabelais F., 1532, *Pantagruel*.

11. Les ouvrières stériles, chez les hyménoptères sociaux, passent, selon leur âge, à des fonctions diverses, d'éclaireuses, butineuses, gardiennes dans la ruche par exemple. La reine inhibe indirectement la reproduction des ouvrières montrant combien la société des hyménoptères résulte alors du conflit reproducteur.

12. Hamilton W. D.,1964, « The genetical evolution of social behaviour », *J. Theor. Biol.*, 7, p. 1-16.

13. Roughgarden J., 2012, *Le Gène généreux*, Seuil.

14. Arnqvist G., Rowe L., 2005, *Sexual Conflict*, Princeton University Press.

15. « La vie, les passions animales, une affaire de molécules, bien sûr, mais celles-ci ne sont jamais au singulier : tout le vivant réside dans les relations qui les unissent, supportées par des forces qui sont celles de la physico-chimie mais qui créent et entretiennent des formes qui n'appartiennent qu'au vivant [...]. » Vincent J.-D., 2002, *Biologie des passions*, Odile Jacob.

16. C'est souvent le terme usité pour traduire l'organisation sociale des galliformes ou des rongeurs, dont certains chercheurs annoncent que seuls les *dominants* peuvent devenir *reproducteurs*, reconnaissant dans une désopilante rhétorique circulaire que seuls les mâles *reproducteurs* sont considérés comme... *dominants* ! Si on ajoute que le mâle vainqueur ne se reproduit pas toujours la première année et que les femelles peuvent avorter spontanément, on imagine combien la valeur sélective de cette dominance paraît toute relative...

17. Scott P., Rine R., 1975, « Naming the Loch Ness monster », *Nature*, 258, p. 466.

18. La promotion du gène de la monogamie a été publiée dans des articles scientifiques (par exemple Shetty P., 2008, « Monogamy gene found in people », *New Scientist Life*, 22) ou encore dans le livre de Wright qui fait du gène de l'infidélité un cas évident de darwinisme

(Wright R., 1995, *L'Animal moral. Psychologie évolutionniste et vie quotidienne*, Michalon). Pourtant, la « découverte » du gène en question se résume en fait à l'analyse des copies impliquées dans la sécrétion de la vasopressine (Walum H. *et al.*, 2008, « Genetic variation in the vasopressin receptor 1a gene [AVPR1A] associates with pair-bonding behavior in humans », *Proc. Natl. Acad. Sci. USA*, 105, p. 14153-14156).

19. La foi religieuse serait carrément inscrite dans le gène VMAT2 qui régule la monoamine selon Dean Hamer, 2004, *The God Gene*, Doubleday. Pour d'autres audacieux, la « molécule de la foi » est en fait la sérotonine !

20. L'Ève mitochondriale ou l'Adam chromosome Y évoquent en fait la transmission originelle de gènes impliqués. Il ne s'agit donc pas d'individus, mais d'éléments génétiques qui, en outre, ont fort peu de chances de s'avérer contemporains l'un de l'autre.

21. Nous ne citerons ici qu'Ulrich Kutschera qui, dans la revue *Nature*, en 2006, triomphe : « Les chrétiens et les athées peuvent désormais coopérer ensemble pour développer des théories scientifiques. »

22. Les Curie ont toujours refusé de déposer un brevet qui aurait pu les aider financièrement, afin de permettre à tous les scientifiques du monde de trouver des applications à leur découverte, la radioactivité.

CHAPITRE 9

Un possible dépassement ?

1. « Tous les grands principes du néodarwinisme ont été, si ce n'est carrément annulés, du moins remplacés par une vision nouvelle des aspects clés de l'évolution. Donc, pour ne pas mâcher les mots, on peut dire que l'ancienne "synthèse moderne" est caduque » (Koonin E., 2009, « Darwinian evolution in the light of genomics », *Nucleic Acids*

Research, 37, p. 1011-1034). « L'édifice de la synthèse moderne s'est effondré au-delà de toute réparation » (Koonin E., 2009, « The *Origin* at 150 : is a new evolutionary synthesis in sight ? », *Trends in Genetics*, 25, p. 473-475).

2. Karl Popper ([1935], 1995, *Logique de la découverte scientifique*, Payot) établit que le critère fondamental de démarcation des sciences tient à leur possible *réfutation*. Il récuse l'idée qu'on puisse vérifier des hypothèses.

3. Thomas Kuhn montre que la science se nourrit de ses crises. Il soutient que, après une période de tentatives pour diversifier les interprétations théoriques, la multiplication des anomalies et les limites du paradigme entraînent son rejet et son dépassement dans une révolution scientifique (Kuhn T. S., 1983, *La Structure des révolutions scientifiques*, Flammarion).

4. Andersson M., 1982, « Female choice selects for extreme tail length in a widowbird », *Nature*, 299, p. 818-820.

5. L'attisement du désir pourrait bien provenir de cette faculté à préférer des attributs exubérants dits hypertéliques, dont l'origine serait à chercher dans l'ontogenèse des espèces sexuées. J'ai développé cette hypothèse en 2006 dans *La Guerre des sexes chez les animaux* (Odile Jacob).

6. Par exemple Otto S., Gerstein A., 2006, « Why have sex ? The population genetics of sex and recombination », *Bioch. Soc. Trans.*, 34, p. 519-522.

7. Kondrashov A. S., 1988, « Deleterious mutations and the evolution of sexual reproduction », *Nature*, 336, p. 435-440.

8. Lodé T., 2011, « Sex is not a solution for reproduction, the libertine bubble theory », *BioEssays*, 33, p. 419-422.

9. Eshel I., Weinshall D., 1987, « Sexual reproduction and viability of future offspring », *Am. Nat.*, 130, p. 775-787.

10. La parthénogenèse est une reproduction monoparentale sans fécondation, à partir d'un ovule capable de développement embryonnaire sous l'effet d'une stimulation endogène.

11. Lodé T., 2011, « Sex is not a solution for reproduction, the libertine bubble theory », *BioEssays*, 33, p. 419-422.

12. Lodé T., 2013, « Adaptive significance and long-term survival of asexual lineages », *Evol. Biol.*, 40, p. 450-460.

13. La *théorie de la Reine rouge* fut proposée en 1973 par Leigh Van Valen pour rendre compte de l'effort d'adaptation toujours à recommencer entre deux espèces en interaction, parasite et hôte par exemple, comme Alice et la Reine rouge lancées dans une course où « il faut courir pour simplement rester à la même place » selon Lewis Caroll (Van Valen L., 1973, « A new evolutionary law », *Evolutionary Theory*, 1, p. 1-30).

14. Introduit par William Rice (2000, « Dangerous liaisons », *PNAS*, 97, p. 12953-12955), le conflit sexuel montre que les deux sexes présentent une divergence d'intérêts qui entraîne une évolution contradictoire de l'un et l'autre sexe. Le sperme toxique des drosophiles (Chapman T. *et al.*, 1995, « Cost of mating in *Drosophila melanogaster* females is mediated by male accessory gland products », *Nature*, 373, p. 241-244) ou le cannibalisme sexuel de la mante religieuse en sont des cas limites.

15. Le cloisonnement pseudo-nucléaire des planctomycètes répond à une exigence propre de leur écologie plus qu'il ne constitue un modèle du noyau des eucaryotes.

16. Les bactéries peuvent acquérir des gènes en incorporant un plasmide à partir d'un donneur (compétence bactérienne) et, plus particulièrement, à partir d'une bactérie morte. La transcription génétique aussi est fragmentaire, la longueur de l'ADN incorporé découlant de la durée de la pseudo-conjugaison. Aussi peut-on considérer que les bactéries ne pratiquent pas de sexe vrai (Redfield R. J., 2001, « Do bacteria have sex ? », *Nat. Rev. Gen.*, 2, p. 634-639).

17. Concernant la différence bactéries-eucaryotes, voir aussi Lodé T., 2012, « Have sex or not ? Lessons from bacteria », *Sexual Dev.*, 6, p. 325-328.

18. Lodé T., 2011, « Sex is not a solution for reproduction, the libertine bubble theory », *BioEssays*, 33, p. 419-422 ; Lodé T., 2011,

« The origin of sex was interaction, not reproduction (what's sex really all about). Big Idea », *New Scientist*, 2837, p. 30-31.
  19. Lodé T., 2012, « For quite a few chromosome more : The origin of eukaryotes », *Journal of Molecular Biology*, 423, p. 135-142.
  20. Lodé T., 2012, « Sex and the origin of genetic exchanges », *Trends Evol. Biol.*, 4, e1.
  21. Lodé T., 2013, *Pourquoi les animaux trichent et se trompent. Les infidélités de l'évolution*, Odile Jacob.

CHAPITRE 10

L'évolution des différences

1. Développée en 1964 par John Maynard-Smith (Maynard-Smith J., 1964, « Group selection and kin selection », *Nature*, 201, p. 1145-1147), William Donald Hamilton, puis popularisée par Edward O. Wilson (Wilson E. O., 1975, *Sociobiology : The New Synthesis*, Harvard University Press) et Richard Dawkins, la sélection de parentèle explique qu'un comportement altruiste qui abaisse la valeur sélective d'un individu puisse être sélectionné, à cause de son apparentement, s'il suffit pour augmenter la valeur sélective de ses apparentés.

2. Au contraire de la conception de F. de Waal, soulignant que « beaucoup d'animaux survivent non pas en s'éliminant les uns les autres, mais en coopérant et en partageant. Sans l'empathie, les espèces sociales n'auraient pas survécu ». Pour de Waal, l'empathie animale permettrait de tirer des « leçons de la nature pour une société solidaire » (de Waal F., 2010, *The Age of Empathy : Nature's Lessons for a Kinder Society*, Potter Style).

3. Même Edward Wilson avait affirmé que « le comportement n'est dû que pour dix pour cent à la génétique, et pour quatre-vingt-dix pour cent à l'environnement ». Néanmoins, on peut considérer que le corpus présenté entre 1975 et 1990 comporte nombre de bévues. Outre

NOTES ET RÉFÉRENCES BIBLIOGRAPHIQUES

l'affirmation que la « violence des humains alpha-males » refléterait une « supériorité génétique », la sélection naturelle « aurait éliminé le gène de l'inceste », parce que cette pratique conduirait à « la dégénérescence du patrimoine génétique ». Et, toujours selon l'analyse de Wilson, la question ne serait pas de savoir si les religions sont vraies ou fausses puisque, « nécessaires » à la survie de l'homme, « l'aspiration religieuse serait génétiquement programmée ». Ces absurdités, comme celle de la dominance qui refléterait une qualité génétique alors qu'elle ne mesure qu'un rapport de forces, continuent d'être prêchées dans nombre de publications d'écologie comportementale.

4. Stephens D. W., Krebs J. R., 1986, *Foraging Theory*, Princeton University Press.

5. En 1978, John Krebs et Nicholas Davies dirigent la publication de *Behavioural Ecology : An Evolutionary Approach*, Wiley-Blackwell.

6. Burnet F. M., 1969, *Cellular Immunology : Self and Notself*, Cambridge University Press.

7. Husserl E., 1901, *Recherches logiques*, PUF.

8. Lodé T., 2011, *La Biodiversité amoureuse*, Odile Jacob, propose de faire émerger une théorie biologique de la différence.

9. Les préférences d'accouplement, chez nombre d'espèces (y compris les humains), impliquent des mécanismes (souvent olfactifs, mais pas que) liés au complexe majeur d'histocompatibilité (MHC-associated mate choice, HLA – human leukocyte antigen – chez les humains). Le baiser pourrait y puiser son origine érotique, car l'échange des salives met en jeu l'organe voméro-nasal, les phéromones et le HLA (Lodé T., 2006, *La Guerre des sexes chez les animaux*, Odile Jacob).

10. Le *genre* est une conception sociologique qui soutient l'importance de l'environnement social, culturel et historique dans la construction de l'identité sexuelle. Les travaux sur le genre ont participé de la lutte contre les inégalités de sexe et ont ainsi pu rendre caducs les qualificatifs sexistes d'une normalité sociale des sexes prétendue innée. Voir Butler J., 1990, *Gender Trouble : Feminism and the Subversion of Identity. Thinking Gender*, Routledge.

11. Crews D., 2012, « The (bi)sexual brain », *EMBO Rep*, 13, p. 779-784.

12. Le déplacement de caractères est une situation dans laquelle les différences sont accentuées dans la zone de sympatrie et affaiblies ou entièrement perdues dans les parties de leur domaine en dehors de cette zone. Brown W. L., Wilson E. O., 1996, « Character displacement », *Syst. Zool.*, 5, p. 49-64. Voir aussi, par exemple, Thierry D., Canard M., Deutsch B., Ventura M., Lourenço P., Lodé T., 2011, « Ecologic character displacements in the European competing common green lacewings, a route to speciation ? », *Biol. J. Lin. Soc.*, 202, p. 292-300.

13. Berdoy M., Webster J. P. et Macdonald D. W., 2000, « Fatal attraction in rats infected with *Toxoplasma gondii* », *Proc Biol Sci.*, 267, p. 1591-1594.

14. Sandler R. H., Finegold S. M., Bolte E. R., Buchanan C. P., Maxwell A. P. *et al.*, 2000, « Short-term benefit from oral vancomycin treatment of regressive-onset autism », *Journal of Child Neurology*, 15, p. 429-435.

15. La « théorie des poupées russes » propose que les corps vivants résultent d'assemblages hétérogènes dont le fonctionnement dépend seulement des multiples interactions de chaque niveau d'emboîtement (Lodé T., *La Biodiversité amoureuse, op. cit.*) au lieu de considérer le corps comme un grand tout cohérent dirigé et régulé par *en haut*. L'exemple de la formation organique par spécialisations successives à la manière des colonies de siphonophores en donne une image sommaire.

16. Leibniz, dans ses *Nouveaux essais sur l'entendement humain* en 1705, pose le questionnement de savoir si le bateau de Thésée était toujours le même bien que les planches usées aient été toutes remplacées par des nouvelles lors de son retour victorieux contre le Minotaure. Le renouvellement des cellules dans le corps vivant pose le même problème.

17. Feldhaar H., 2011, « Bacterial symbionts as mediators of ecologically important traits of insect hosts », *Ecological Entomology*, 5, p. 533-543.

18. Drummond D. A., Wilke C. O., 2008, « Mistranslation-induced protein misfolding as a dominant constraint on coding-sequence evolution », *Cell*, 134, p. 341-352.

19. Lodé T., 2001, « Genetic divergence without spatial isolation in polecat *Mustela putorius* populations », *J. Evol. Biol.*, 14, p. 228-236.

20. Hsiao E. Y. *et al.*, 2013, « Microbiota modulate behavioral and physiological abnormalities associated with neurodevelopmental disorders », *Cell*, 155, p. 1451-1463.

21. L'effet vétérinaire de la prédation découle de ce que les prédateurs s'attaquent plus aisément aux individus faibles et malades, réduisant le risque d'épidémie dans les populations de proies. Voir aussi sur l'influence des interactions indirectes Lodé T., Holveck M.J., Lesbarres D. et Pagano A., 2004, « Sex-biased predation by polecats influences the mating system of frogs », *Proceedings of the Royal Society of London (suppl.), Biology Letters*, 271 (S6), S399-S401.

22. Selon la formulation d'Henri Poincaré, « de petites différences dans les conditions initiales en engendrent de très grandes dans les phénomènes finaux [...] la prédiction devient impossible et nous avons le phénomène fortuit » (*Science et méthode*, 1908). L'événement fortuit est devenu célèbre depuis sa reprise dans les théories du chaos sous le terme d'effet papillon par Edward Lorenz.

23. Michod R., Roze D., 2001, « Cooperation and conflict in the evolution of multicellularity », *Heredity*, 86, p. 1-7.

CONCLUSION

1. Les accusations d'ineptie, de confusion, voire de créationnisme, constituent un puissant facteur d'inhibition de l'examen critique et de la remise en cause scientifique de la théorie synthétique moderne. En tout état de cause, même dans la communauté scientifique, le risque d'un réquisitoire ou d'anathèmes jetés par les plus fervents partisans du rationalisme darwinien incite plus les prosélytes que les analystes.

2. Par exemple Le Guigo P., Rolier A., Le Corff J., 2012, « Plant neighborhood influences colonization of Brassicaceae by specialist and generalist aphids », *Œcologia*, 169, p. 753-761.

3. Voir la thèse de Villenave J. à Angers ; aussi Villenave J., Thierry D., Al Mamun A., Lodé T. et Rat-Morris E., 2005, « The pollens consumed by common green lacewings *Chrysoperla* spp. (*Neuroptera : Chrysopidae*) in cabbage crop environment in western France », *European Journal of Entomology*, 102, p. 547-552.

4. Rosenberg E. *et al.*, 2007, « The role of microorganisms in coral health, disease and evolution », *Nature Reviews Microbiology*, 5, p. 355-362.

5. Egel R., Penny D., 2008, « On the origin of meiosis in eukaryotic evolution, coevolution of meiosis and mitosis from feeble beginnings », *Gen. Dyn. Stab.*, 3, p. 249-288.

6. Morange M., 2005, *Les Secrets du vivant. Contre la pensée unique*, La Découverte.

Remerciements

Ce livre n'aurait jamais pu voir le jour sans l'insistance et les encouragements de nombreux amis, naturalistes et chercheurs, dont les discussions patientes sont venues enrichir l'ouvrage. Je me dois aussi de remercier Odile Jacob et Marie-Lorraine Colas qui ont appuyé cette publication avec enthousiasme et courage. Enfin, un mot pour ma complice de toujours, Dominique Le Jacques dont la persévérance et le soutien m'ont été les plus précieux.

DU MÊME AUTEUR
CHEZ ODILE JACOB

La Guerre des sexes chez les animaux, 2007.
La Biodiversité amoureuse, 2011.
Pourquoi les animaux trichent et se trompent, 2013.

Composition : Facompo, Lisieux

Achevé d'imprimer en octobre 2014 sur rotative numérique Prosper
par Soregraph à Nanterre (Hauts-de-Seine).

Dépôt légal : novembre 2014
N° d'édition : 7381-3194-X
N° d'impression : 14045

Imprimé en France

L'imprimerie Soregraph est titulaire de la marque Imprim'vert® depuis 2004.
Ce livre est imprimé sur papiers issus de forêts gérées durablement.